フクシマの荒廃

フランス人特派員が見た原発棄民たち

アルノー・ヴォレラン 著／神尾賢二 訳

緑風出版

フクシマの荒廃—フランス人特派員が見た原発棄民たち　目次

La Désolation

再確認

二〇一一年三月十一日十四時四十六分（日本時間）、日本列島最大の島、本州東北沿岸沖でマグニチュード９の地震が発生した。震源地は仙台市沖合百三十キロメートル、深さ三十キロメートルの海底と測定された。この大地震により強大な津波が発生、ところによっては高さ三十メートル近くに達し、沿岸部を五百キロにわたって強襲した。

十五時二十七分、福島県双葉郡大熊町に建設された福島第一原子力発電所が、防波堤を越えて侵入してきた第一波の津波に襲われた。太平洋岸に建っていた発電所施設は、海面高より十五メートル高い津波の強烈な打撃を受けた。

地震の揺れで、原子炉１号機、２号機、３号機の自動停止装置が作動した。次いで津波は地下に浸水し、そこに設置されていた非常用発電装置の機能を止めた。これが原因で、原子炉内部や使用済み核燃料プールの冷却装置が停止した。そして、核反応が次々に連続して起きた。

十五時四十二分、発電所を経営する東京電力（ＴＥＰＣＯ）は日本政府に、東北の原子力発電所に「緊急事態」発生と報告。十九時三分、当時の内閣総理大臣菅直人が原子力緊急事態宣言を発する。この少し後、首相は原発の周囲半径二キロメートル以内の住民に避難指示を発動、これは翌日には半径二十キロメートルにまで拡大された。自主避難の範囲は、被災地点の周囲三十キロメートル以内と指定された。住民十六万人が家を放棄、中には二度と戻らなかった者もいる。

大惨事メルトダウンのシナリオが現実になっていく。福島第一発電所は汽水混合流を循環させる沸騰水型原子炉を六基備えている。核分裂反応によって生じた熱エネルギーで、燃料棒を入れた炉心の軽水を沸騰させる方式だ。高温、高圧の蒸気を取り出してタービン発電機に送り、電力を生む。この蒸気は冷水に接触して液化し、再度炉心に還流する。津波によって電力が奪われ、原子炉1号機、2号機、3号機の冷却が不可能になった。軽水はパイプ内で蒸気になったまま水に戻らず、加熱された燃料棒がむき出しになってしまった。ウラニウムのペレットを包むジルコニウム製被覆管は急激に溶解損傷し、温度は二千三百℃にまで達した。燃料が溶け、圧力容器の材質と混じり合った。この極めて高温で放射性の高い燃料集合体のマグマによって圧力容器に穴が開き、炉心を塞ぎ、一部が原子炉格納容器に漏れ始めた。

福島第一は、三月十二日から一連の爆発事故に揺れ動く。燃料棒の溶融（メルトダウン）によって発生した水素ガスの充満が原因だったが、一九八六年のチェルノブイリ原発事故のような炉心破壊には至らずに済んだ。最初の爆発は十五時三十六分に起き、1号機建屋上部を破壊した。二回目の爆発が起きたのは二日後の十一時一分で、3号機の屋根が吹き飛んだ。三月十五日六時十分には2号機内部で三回目の強い爆発があり、次いで同日九時三十八分に4号機でも爆発が起きた。

爆発事故の誘発とともに大気中に大量の放射性物質が放出した。同じ頃、原発作業員、自衛隊員、民間警備会社員らは、県内の広い地域が汚染されるのを避けるために、海水を使った放水作業で原子炉、核燃料プールの冷却を続けていた。この応急散水作業は一ヵ月近く継続して行なわれ、太平洋の海水汚染を引き起こした。

この数日間、救助隊員たちは強い放射線被ばくの危険に遭遇していた。三月十五日、3号機周辺の放射線量は四百ミリシーベルト*に達していた。この測定単位は人体組織が耐えられる放射線量を表わす尺度だが、救助隊員にはこの数値の意味するところがよく理解できていた。線量が百ミリシーベルトを超えると癌発病の確率がきわめて高くなる。大量被ばくの場合、皮膚の火傷、神経系統や骨細胞の損傷、嘔吐、発熱、水ぶくれ、出血などの症状が認められ、早期の死亡へと至る。

三月末から各原子炉への外部電源回路が回復した。七月、水漏れが止まらないまま、循環冷却システムが再稼働した。十二月、経済産業省は、圧力容器の底部の水温が百℃以下に戻り、冷却水の蒸発が止まったことを意味する、冷温停止を宣言した。そこで、原発の安全性の回復にむけ

＊シーベルト（sievert）：生体被ばくによる生物学的影響の大きさを表わす放射線量当量の単位。Svと表記する。Svは単位としては大きすぎるため、mSv（ミリシーベルト、10-3Sv）やμSv（マイクロシーベルト、10-6Sv）などを用いる。

てのきわめて長い作業に着手するため、大量の作業員が再び送り込まれた。二〇一一年三月以降、四万四千五百三十人の作業員が原発で働いた。少なくとも二〇四〇年までかかる福島第一の解体作業のために、さらに厖大な作業員が働きに来るであろう。

原子炉は、常に冷却し続けなければならない。現在どのような状況であるかはほとんどわかっていない。太平洋岸に横たわる東京電力の建物を蝕む炉心溶融物が今どうなっているのか、正確には何一つわからないのだ。事故はまだ終わっていないのである。

はじめに

救助隊の出番は終わった。今は清掃作業員、除染作業員の出番だ。彼らには顔もなければ言葉もない。彼らは話さないし、何も表現しない。存在していないのと変わらない。もう何週間も前から、友人であり通訳でもある龍介と私は、亡霊と化してしまった地域の奥に潜み、こちらを窺う「目に見えぬ敵」との日々について書くため、私はこの名も無き人たちに会おうとしている。二〇一三年の夏が終わった。東京電力（ＴＥＰＣＯ）が経営し操業する福島第一原発ではこの年ずっと、漏水、事故、故障や損壊などが連続して起きていた。私は連続する事故を追いかけているうちに、ついに廃棄解体作業のカオスの濁流に呑み込まれ、わけがわからなくなってしまった。だが、このような話が日本だけに限らないという事実は、決して見失わなかった。

しかし、安倍晋三首相は大見得を切った。「状況はコントロールされています」と。国際オリンピック委員会が二〇二〇年オリンピックの開催都市を東京に決定する直前、候補地日本を自信満々、執拗に売り込むため、この日本政府のＰＲ担当責任者は九月初め、代表団を引き連れてブエノスアイレス入りした。東京二〇二〇の公式スローガン『Discover Tomorrow 未来《あした》をつかもう』にならって、「今では、福島の青空の下で少年たちが過去ではなく、未来を見つめてサッカーに興じています」という美辞麗句まで口にした。

この「明日」も「未来」も、全く、あるいはほとんど全く、「現在」に依拠してはいない。日本最大の作業現場で、来る日も来る日も小さな奇跡を実現しているこの作業員たちのことは何一つとして語られていない。それどころか、大騒ぎするのはいい加減にしてくれとばかりに、実に非人間的で原始的な技術的対応で、復興と解体活動に全力をあげろと言っている。関係当局は、日本が国家再建の礎にしてきた原子力の安全神話を台無しにしてくれたフクシマをさっさと片付けてしまいたいのだ。それにしても、この我慢強い国がなぜこの果てしない仕事を焦るのか驚かざるをえない。

私は、東北のタイタニック号的な原発を鎮めるために、何千人もの作業員が数ヵ月にわたり格闘してきていることは知っていた。二〇一一年十二月には事態は重大な段階に入った。原子炉内部の温度が百℃未満に落ち着く「冷温停止状態」に至り、放射線の放出を大きく制御できるようになったのだ。

しかしその二年後、発電所内の各所で汚染水が漏れていることが判明した。即刻、汚染水を常時汲み上げて誘導し、貯留しなければならなくなった。二〇一一年以降、廃墟と化した原発を維持管理するには何千人もの人手が必要である。作業員が交替で発電所に張り付く。交替で作業を継続するためには、常に大量の作業員が必要になる。

この作業は少なくとも二〇四〇年まで継続されるが、その見通しもこの上なく不条理なものだ。なぜなら、これら作業員たちは何も生産しないし、何も建設しないからだ。逆に彼らは、潰し、壊し、片付け続ける。解体し、破壊し、除去する仕事が待っている。何十年にもわたり、引き算の労働を続けるのだ。実に不可解で憂鬱な話である。ましてや、根を下ろして生きてきた故郷の村が荒れ放題の無人の荒野と化し、広大な放射能汚染休耕地になってしまった現実はどうするのだ。この土地で生まれた人に何を選択せよと言うのか？

去るのか、それとも残るのか？

助けを求めるか、廃業か？

緑濃きこの東北の地は、混乱に陥り、汚染され、放置され、もう普通の場所ではなくなり、低賃金労働者を転がす手配師たちが跋扈し、作業員たちのことなど時が過ぎるとともに次第に忘れ去られてしまうだろう。ひとたび危機が去ってしまうと、世間のフクシマを見る目は大事故以前の、さほど興味も引かなかった地方に対するそれに早くも戻っていった。産業はわずかしかなく、山と丘陵に覆われ、平野が海岸に挟まれた地勢には観光の目玉もなく、テクノロジーとも無縁で、産業的地の利もない。運動家グループや、情報なら何でも伝える情報チャンネルは別だが、「この事故は人災によって発生した」と東京電力福島原子力発電所事故調査委員会委員長（国会事故調＝訳者注）の黒川清が明確に表明したような議論は、フクシマ問題から姿を消しつつある。原発を訪ねた後のある日の朝、京都で友だちと日本人の若い主婦と会って話した。「あら、そういえば今どうなってるんですか、あそこ？　もうおさまったの？」

　これは、本当に関心があるのではなくて、義理で訊いてきた感じだった。その数日前、原発敷地内で二人の作業員の死体が発見された。このニュースもあまり話題にはならなかった。八月に新たな死者が出た時も同じだった。大事故が起きた後、何が怖いといって、悪意なき無関心、忘却の彼方におき去りにすることほど忌むべきものはない。


　私は、もう昔のように都会が好きではなくなった。惹かれるのは、草木が伸び放題に生い茂る、誰もよせつけないような人里離れた原野だ。私が生まれたのは、ロワール川が森と森の間を蛇行する渓谷のほとりだった。少年時代は、シノン原発*から六十キロメートルのところに家があった。学校では、この発電所設備のことは何も心配しなくてよろしい、と言われていた。なぜそんな注意をしたのだろう？

　そして、「原子炉の建物は飛行機が落ちてもびくともしません」との保証付きであった。二〇〇一年九月十一日の世界貿易センタービル崩壊のはるか以前に、こんなにも的確な表現がなされていた奇妙さを変だとは別に思わなかったし、まったく気にもしなかった。正直に言えば、東北のルポルタージュを書いていたときに思い出すまで、私はこのことをすっかり忘れていたのだ。

私は二〇〇九年に福島県と仙台地方を訪れた。太平洋の海岸から、七色に映える水田に沿って小道に入り込み、丘を縦走し、大きな竹林の陰を歩いた。草木が繁茂する打ち捨てられたままの田畑を前にして、大自然は人間の営みを黙認しているかのようだった。突き刺すような寒さの二月、造り酒屋や、唐辛子の香りがする濃い目の赤味噌製造元の質素で格調高い木造りの家屋を訪ねた。これと同じ世界の一部が、二〇一一年三月十一日の午後に、呑み込まれてしまったのだ。

私は二〇一二年の九月に日本に住み始めた。その数ヵ月後、陸前高田、大船渡、気仙沼など、放射能汚染されなかったけれど津波に破壊され、波に呑まれ、多くの人を行方不明で失った東北の町を訪ねた。私は、福島と仙台地方を再び訪ねるチャンスがまだなかった。私はこの場所にこだわりたかった。しかし、私にはわずかな選択肢しか与えられていなかった。労働者を装って原発内作業員になりすまそうと考えたが、残念ながらそれは全くかなわなかった。私の身分はジャーナリストで、日本語が話せないし、国籍も滞在許可証に明記されていたし、外国人の風貌からして厄介で、福島第一原発には入れてもらえないのだ。

そこである朝、私は届く宛てのないメッセージを送って、京都とも東京ともさよならし、列車に乗った。果たしてこれでよかったのか、自問自答を繰り返す悔恨だらけの私だったが、気がつ

＊シノン原子力発電所：フランス、ロワール川南岸にある原発。近くには渓谷の古城群がある。従業員約一二〇〇人が働いているが、二〇〇六～二〇〇七に従業員三人が自殺した。二〇〇六年十一月に発生したＭ４の地震の震源はシノン原発のほぼ直下であった。二〇〇九年四月、爆弾予告により陸軍部隊が出動し職員が避難するが、爆発物は発見されなかった。

くとアスファルトに陽が当たる、誰もいない国道の駐車場に立っている自分がいた。

二〇一三年九月、東京〜二〇一五年十月、京都。

第1章　非日常に向かって

1. Vers l'anormalité

まず海を探した。反射的だった。海岸沿いだから海が見えるかもしれないと、ボルドー、ナント間でよくそうしたように、海はどこだろうと窓の外を見たのだった。列車はゆっくり速度を落とし、長いホームに滑りこみ、小さく揺れてぴたりと停まった。福島県いわき駅。常磐線特急スーパーひたちの終着駅だ。もう陽は高い。上野駅ははるか彼方だ。東京という場所は別の日本だ。海風が吹きつける水田や樹林の丘などには目をくれようともしない。地方に来ると首都の方が僻地に思える。ここにいるとしみじみそう思う。この東北の地から見る東京は、さながら都市と行政が濃縮した不夜城、遠い彼方の先端テクノロジー島のようだ。

私は荷物をまとめ、たばこと冷めたコーヒーの匂いのする列車から降りた。ホームにはほとんど誰もいない。ホームを歩きながら、陸前高田で津波に遭った人が二〇一一年三月十一日の後、緊急避難所でそっと私に言った謎めいた言葉を思い出した。「やって来た津波はね、海の水じゃなかったですよ。波は黒くて汚れていましたからね。何もかも壊され、跡形もなくなってしまった」。何キロにもわたる海岸を呑み込み、同日十五時二十七分、津波は福島第一原発を襲った。すべてはこの時に始まった。だから私は今日、あの狂っていた海を見に来たのだ。

だがその海は、まだ眠りから覚めぬ市街をまっすぐにつき抜ける商店街の彼方数キロのところでうとうとしている。私はこれから人と待ち合わせている。エスカレーターに乗って駅から出ると、タイル張りのガラスとクロームパイプでできたコンコースがある。風が吹きつける。通路は立体交差していて、タクシー乗り場とバスターミナルに分かれた広場へと続く。私はやっと駅に着いただけで、旅はまだまだこれからである。階段の下でトヨタ・ヴィッツが待っていた。信号が青になった。出発だ。駅前交番を過ぎる。ここからは、なかなか道がわかりにくい。ホテルと線路の間の長い一本道を抜けて行く。突き当たりを左に曲がり、くたびれかけた住宅地域の駐車場やマンションが並ぶ夏井川*の河川敷を渡る。そして道は、麓に林が広がる丘を上っていく。左にカーブすると陸橋になり、二車線になる。ここから広い舗装道路が続き、放射能に汚染された立入禁止区域が広がる北へと向かうのだ。陸前浜街道（国道6号線）に入る。この舗装道路に分断されて、自然が回復しないまま町はさびれてしまった。

国道6号線沿いの畑の真ん中に、腫れ物のように突如奇怪な街が現われる。見通しが開けたかと思うや、目も眩むような極彩色の街並みが登場するのだ。国道は、即成繁華街に血液を送り込む動脈だ。ホンダ、トヨタ、日産といった自動車の販売代理店が軒を並べ、猛烈な騒音とけばけばしいネオンのパチンコホールが続く。名前はマルハン、N‐1。その後方には立派な門構えの住宅が何軒か、あまり手入れしていない庭付きの住宅街、それからナポレオンというレストランもあるが、見るからにさびれていてカーテンは閉じたままだ。皇帝の名前までつけておきながら、残念だ。信号の先に、巨大な黄色いアームと赤いショベルとフックが金網のフェンスから突き出

＊夏井川：福島県南東部の阿武隈高地を太平洋に注ぐ二級河川。夏井川水系の本流。小野町内の夏井千本桜は桜の名所。磐越道の車窓からも見られる。いわき市内には東北電力の夏井川第一、二、三、川前、塩田、小玉川、小川の七ヵ所の水力発電所がある。

ている。ゲート内にはKOMATSUと書かれたクレーン、パワーショベル、ブルドーザーなどが十数台待機している。

このいわき市の周辺にはまだふるさとの名残りがある。道路沿いの林の間に水田と畑がぽつりぽつり、近辺には商店やコンビニ。遠くの木立で風に揺れているのは、商業主義に抵抗するかのような古くて広い墓地の卒塔婆だ。整然と並ぶその風景は、店舗と倉庫ばかりの単調さからの救いだ。道路脇に、自由の女神像のレプリカと大仏が並んでいる意味不明の一角がある。自由の女神と大仏は、作業員を運ぶピストン輸送のバスとダンプカーが確認の合図を交わし、いつも道路際の伸び放題の雑草を踏みつけて行くのを、一日中じっとながめているのだ。

一番手の作業員専用護送バス隊がやって来る。ほとんどの人がマスクをかけている。満員のバスのフロントガラスに1Fと書いた記号が貼ってある。イチエフ、福島第一原発の通称だ。非日常を感じさせる小さなディテールとちょっとした変化、これで、今フクシマのテリトリーに入ったということが伝わってくる。事故現場はここから三十キロメートルほどのところだ。市立四倉図書館を過ぎた辺りの国道6号線沿いに、三月十一日に真っ黒い波に根こそぎ持って行かれ、何もかも無くなってしまった平地の隣に新築住宅が並んでいる。海は目と鼻の先、曲り松の林の向こうだ。油の海は、コンクリートの埠頭の先で淀んでいる。恐怖の記憶はまだ生々しい。人は再建の手を休めず、ひたすら痕跡を消そうとする。港には真新しい魚市場を建てた。がらんとしていて、火が消えたようだ。その先の健康センター（太平洋健康センターいわき蟹洗温泉のこと＝訳者）は開店休業状態だ。満杯なのはいわき市の「地区浄化センター」の駐車場である。なぜなら、全地域が除染作業で放射能と格闘しているからだ。

走りながら、二日前に東京の自宅を訪ねた大江健三郎の懸念の言葉を思い出す。秋雨に濡れる庭の草花をのぞむガラス戸を背に、作家は一九九四年にノーベル文学賞の受賞晩餐会での講演『あいまいな日本の私』が台無しにされたここ数ヵ月を振り返った。「ミラン・クンデラ*の表現を借りるなら、『根本的なモラル（morale de l'essentiel）』を忘れてはいけないし、次の世代の人々やわたしたちの子孫が生きていける世界を残さねばならないのです」。

それは「森の子供」に表現されている。日本の南西部の島、四国で生まれた大江家の家業は森林管理だった。この日の午後、作家は森の話をしてくれた。「少年時代は本がなくてね。本は先生に借りて読んだものです。だからいつも、本とは先生が持っている物、先生に所属する物であって自分の物ではないという感覚でした。先生たちの文化があるなら、他の文化もあるかもしれない。それがぼくの文化、森の文化だった」　大江少年の自己はこの世界観の中で形成されていった。「自分は、中央とは反対側にある周辺部の存在だと感じていました……。昔、日本の中心は京都にあった。今は東京で、そこに天皇がいる。ぼくは物心ついた時から、自分は京都の対極、

＊ミラン・クンデラ：Milan Kundera（一九二九〜　）フランスの作家でチェコスロバキア出身。映画『存在の耐えられない軽さ』の原作者として有名。「プラハの春」で、ワルシャワ条約機構軍の軍事介入後、著作が発禁処分となりフランスに出国。一九八一年にフランス市民権を取得。以後チェコ語ではなくフランス語で執筆。チェコスロバキア共産主義政権に抵抗した作家として認知されている。

東京の人間だと考えてきた。そして、京都の対極にある東京には森がある。ぼくはいつもこの周辺部に住みたいと思ってきたのです」。大江の四国の森は東北の福島からはかなり遠いが、わたしはこの二つの森の間に何か象徴のような、継承の共通性あるいは運命的な関連性を見出さずにはいられない。東京から二百五十キロメートル離れたこの地では、周辺部といえば農村と海だ。福島第一原発は、イチエフが生産する電力を享受する首都の中央権力から遠く離れたところに建設された。そして今、水田と森と海辺のこの日本のふるさとは捨ておかれ、誰もいなくなってしまった。

平野が途切れる。山が海に迫っている。太平洋の岩場に鳥居が立っている。波立薬師の入り口の目印だ。トンネルを抜け、紺碧の入江に沿って道は下る。窓を開けてみるが、何の匂いもしないのが不思議だ。あのヨウ素の匂い、潮の湿っぽさはどこへ行ったのだろう？　すっかり味気がなくなったようだ。道路沿いの海岸線は寸断されて、灰色の砂浜が続く。いたるところにテトラポットが積まれていて、波打ち際には行けなくなっている。安全確実な海岸線の大舗装化政策とともに、当局は海岸から数十メートルの距離に建つ住宅を保護するための防波堤建設を始めた。海は道路から見えなくなった。海岸沿いは閉ざされた世界になった。海から身を守り、海を拒絶する。しばしば津波に襲われてきたこの地方に、今更のような対策は奇妙だ。海と共生し、海に育まれてきたこの地方の人間にとってはなおのことだ。

国道６号線は常磐線の線路に沿って北上する。久ノ浜から末続へ。煙を吐き出す広野火力発電所の高い煙突が見える。友人の桐島瞬が、原発で働く一人の作業員にこの町で会うよう紹介してくれた。「彼はコンビニに買い出しに来て、それからＪビレッジに向かう。いつもそこから福島第一に行き来している」。平坦な海辺の町、広野に着く。津波の猛威に耐えた木と石作りの二軒の豪奢な町家の跡以外には一軒の家もない。根こそぎ呑み込まれたのだ。オレンジ色の柵に囲まれた平地に、何百もの袋がぎっしりと並んでいる。高放射能の降下物が堆積した表土を回収し、ここを保管場にしているのだ。放射線量を測る線量計を所持していないと、防護服を身に付けずに土袋の前を通る作業員や若干の住民を目撃しても恐ろしいとは感じないものだ。廃棄物は袋に詰められているので、中身は何かわからないし匂いもしない。

海を探す。眼前に、果てしない水平線が広がっていた。だが私はすぐに、目に見えない何かがそこにあることを悟った。

第2章　早熟な若者

2. Un adolescent qui a grandi trop vite

この日の午後、彼は一人でやってきた。他の連中は三々五々車に相乗りしてやってくるが、彼は一人で現われた。ハイゼットの軽トラのハンドルを握り、ウインカーを点滅させて国道6号を右に折れ、駐車場に入ってきた。駐車スペースに入ると、すぐにエンジンを切った。白の軽トラは、ファミリーマートの窓ガラスの前に滑るように静かに停まった。ファミリーマートは、広野の町を通る舗装道路沿いにある二軒のコンビニの一つだ。

運転席のS・ショウタは、しばしタバコを吸ってからゆっくり窓を閉めると、バンダナをしめなおし、車を降りてエアコンの効いたファミリーマートに入っていった。S・ショウタは急いでいない。時は、九月のある金曜日の午後二時過ぎである。彼は、北二十四キロのところにある福島第一原発での今日の仕事を終えたばかりなのである。明日の仕事は十時からだ。残暑の青空高くに雲がふんわりたなびいている。国道6号のガードレールも、まわりの雑草も暑気にゆらいでいる。もうすぐ海から涼しい風が吹いてくるだろう。

この時間、コンビニ前の駐車場はけだるい空気が支配している。午後の日差しの下、白黒のゼブラ模様の路上で奇妙な舞踏劇が即興で始まる。ここで出会うのは、年齢層も様々な男たちだけだ。広野には、どこへ行っても、二〇一一年三月十一日に津波の黒い波に呑み込まれたものを再建するためにリクルートされ、原発あるいはまた広大な除染、廃棄物処理現場の作業に雇われた労働者しかいない。彼らは、くたくたに疲れ、ほこりまみれでぼろぼろになり、喉を渇かして、炭酸飲料やお茶や弁当やたばこをしこたま買い込む。オーバーオールに長靴かバスケットシューズを履いて、中古のワンボックスカーかセダンに相乗りしてやって来る。時に血走った目をして、ほとんど口をきかない。大急ぎで食べて、すこし休むとすぐに行ってしまう。運転手は、エンジンをかけ、エアコンをつけたまま、くわえたばこで窓ガラスに頭をもたれて眠っている。仲間たちの買い物は手間取っている。

運転手が眠っている間に、黒塗りのトヨタ・ステーションワゴンがやってきて、和製ラップをＢＧＭに五人の入れ墨男がどっと降りてくる。彼らの行く手を遮る奴は誰もいない。袖がはち切れんばかりの太い上腕二頭筋をした男たちが、猟犬のように黙ってコンビニになだれ込む。しわに刻まれた顔の痩せた五十男が、部下を三人伴って出口に向かい、男たちとすれ違う。私はこの三人の部下の一人に質問しようと声をかけたが、答えようと振り向いた部下を上司が「時間がないぞ」と、ぴしゃり黙らせた。ドアがガチャンと閉まり、彼らは出て行った。この無言劇の後、こざっぱりした服装の、きれいな手をした三人の町役場の職員は窓際でコーヒーをすすっていた。彼らは私の方を見て、品定めしている。あのガイジンは何しに来たんだ？　と言っているように思われ、「別に何も」と言ってやろうかと思う。黒の上下に先の尖ったピカピカの靴を履いた建設会社の役員らしき二人の男が、サンドイッチをかじりながら日陰でひそひそ話している。彼らは、ガイジンなど気にしていない。透明人間みたいなものだ。ファミリーマートは人の出入りが激しい。Ｓ・ショウタは雑誌の棚の前でマンガを立ち読みしている。

入れ墨の男たちは、ラップで包んだ食品や飲物やたばこを両腕に抱え込んでコンビニを出ると、トヨタのうす汚れた座席に乗り込む。おにぎりをコーラや日本茶で腹に流し込んでいる。座ったまま、虚ろな目で黙って貪り食っている。コンビニの駐車場は溜まり場だ。ベースキャンプのようでもあるし、マラソンの中継地点のようでもある。ランナーが息をつき、体を休め、腹ごしらえをし、リラックスし、もう少し頑張ろうと気をとりなおす場所。しかし、やっている事はスポーツとは少し違う。賞賛もされないし、喜びもないし、報われるものもない。前に広がっているのは、一時的に放棄し、避難を余儀なくされた耕作地だ。トヨタの窓から立ち上る食後の一服の煙。さびれて、物音一つしないこんな場所に、このような休憩所がぽつんとあるのは異様だな、とふと思う。

くたびれたオーバーオール姿の、髪の濃い小男がやってくる。コーヒータイムなのだろうか。私を見て微笑するが、本当に嬉しいからか、それとも駐車場で外国人と話していたと噂が広がるのはまずいので、それをごまかす作り笑いなのか。彼は、防水シートや袋や道具類を積んだトラックの前に車を停めて、不安げに周りを見る。それからこちらを向いて、こっそり話そうと近寄ってきた。目立ちたくはないけれど、話がしたくて仕方がないのだ。彼は、名前は言わなかったが地元の汚染除去専門の中小企業で七月から働いているそうだ。原発から半径二十五から三十キロメートルの地域で、土砂、枯葉、木の枝などを運搬し、地表から数センチの深さの土を削り取って何千個もの袋に詰めて積み上げる。「ええ、大変な仕事ですよ。雨の日も風の日も、一日七時間から十六時間、外で働き通しだからね」。服以外には普通の手袋にグリーンのゴム長で、特にこれといった防護はしておらず、それでも平気な様子だ。まるで危険なのは福島第一だけで、放射能の塵をかぶった周辺の村や森はそうではないみたいだ。馬鹿げているが、この駐車場に来てから私は手やデイパックをコンビニの壁やアスファルトの地面に触れないよう気をつけ、大丈夫だとは思いながらも放射能汚染を避けようとしている。私は、広野と国道６号線のこの区間は除染されている、ということを忘れていた。この小男はそれをよく知っているのだ。彼は自分がどんな仕事をしているのか、どんなものを片付けているのか、この無人の原発の土地で毎日何をかき集めているのかを全部話す気でいたが、そこに上司が現われた。すると男は、貝のように口を閉ざした。見るからに、肩をすぼめ、下を向いて視線を避ける。すいません、と一言言って小さく会釈すると車を出して行ってしまった。

東京で仕事仲間がよく言っていたことが頭をよぎる。「いいかい、あそこで労働者の話を聞くのは大変だ。とくに原発の作業員は」。かたくなに口を閉ざし、視線を避ける。早口で婉曲な言葉使いと迷惑そうな笑顔。電話には答えない。ここでは、現行犯で抑えられるのを恐れる空気が支配的だ。私は、これから何ヵ月もかかることを覚悟した。私は今まで、虐殺を逃れた人、大災害の生き残り、強姦事件の被害者、拷問の犠牲者などを取材してきたが、そうした仕事でこんなに手こずったことはおそらくなかったように思う。言いたいことがあるなら我慢せずに、手短に話してほしい。こう望むのは、良く言えば純情で、悪く言えば甘い。私の質問に答える必要がどこにある？「あなたと話して何の得になる？　トラブルになるだけだ」。ある晩、原発の元作業員にこう言って電話を切られた。その考えを変えさせるだけの理屈はどこを探しても見つからなかった。

この国では、立場を二つにはっきり分けるような意見や論議はまず聞かない。人々はあまりはっきりと物を言わない。調和を乱したり、コンセンサスを壊したりするような発言は歓迎されない。三月十一日の地震と津波に続いて起きた原発事故のように、議論すべきで痛みをともなう主題については黙っている方が無難で、往往にしてそれで済まされてしまう。黙っていたからといって決してとやかく言われることはない。とくに、ガイジン、同僚、上役、近親者、見知らぬ人の前では要注意だ。そして何よりも、厳しい秘密厳守のお達しを破ってはならない原子力関連業界では、違反すれば処罰、譴責されるだけでなく、解雇されてしまう。原発関係では一作業員でさえ何も喋りたがらない。正直に言えば、みんなクビになるのが怖いのだ。

では彼らは、この悪評高き現場での労働に従事することに誇りを感じているのか？　彼らは時に、世捨て人、隠遁者のように黙り込む。しかし、この点に関しては日本も例外ではない。エリザベート・フィロール*の著書『ラ・サントラル（原発）』を想起する。フランスでは、原子力関連産業と傘下の下請企業は開放性においても透明性においても評判は良くない。このことは社会学者アニー・テボー - モニー*の本を読めば納得できる。そう、この近寄り難さ、この知られざる真相、ここに怖さがある。

コンビニから出てくるショウタを見て不安だった。彼は何も言わず、躊躇しているようだったけれど、ついに口を開いてくれた。一日の仕事が終わり、時間があるからなのだろうか？　一人でいるから話せる、というのか？　なぜかは決して言わないだろうが、身元が割れて解雇されるのを恐れ、本名を伏せて偽名を使うよう求めてくるだろう。労務者風のふくらんだ白い佐官屋ズボンを履き、胸にぴったりのＴシャツ姿の彼は、細くて痩せていた。あいさつすると、近寄ってきて会釈した。ドアを出る際に目と目が合った。疲れて赤くなった目で、彼は福島第一原子力発電所について話を聞きたい、という日刊紙『アンフェルナル（地獄）』の記者の顔を見つめた。Ｓ・ショウタはまだ二十歳で、白いハチマキの下の顔には髭も生えていない。しかし、目の下には隈があり、応急処置を施した半壊の施設から漏れ出る放射能へのストレスと、とんでもない大事故が起きるかもしれない恐怖と対峙し、悪天候と格闘し、過剰な放射線被ばくを避けるための過酷な短縮強化作業のせいで、声はつぶれて太かった。彼は同じ言い方を何度も繰り返し、すべてを表現した。「ぼくの仕事は、過酷なんてもんじゃない。それ以上だ」。二〇一三年の秋に会ったとき、彼の仕事は「冷却システムと、穴が空いて腐食し汚染した貯水槽の排水パイプの交換」

＊エリザベート・フィロール：フランスの作家。シノンとデュ・ブライェ両原発の臨時雇い労働者の労働条件を書いた処女作『ラ・サントラル（原発）』で、フランス・キュルチュール‐テレラマ賞を受賞した。労働災害による健康被害と犠牲者の救済を追求する。
＊アニー・テボー‐モニー：フランスの社会学者。職業病、労働災害に関する研究が専門。パリ大学で職業的原因の癌疾病研究機関Ｉｎｓｅｒｍの代表。職業上の癌疾病の研究予算の不足に抗議して二〇一二年にレジオンドヌールの叙勲を拒否した。

だった。この排水システムは、数ヵ月前から繰り返し起きた水漏れと地すべり的事故発生と、当局の「鎮静化」声明によって重点的作業対象の一つになっていた。彼は、全面的に炉心溶融していた原子炉1号機を収容している建屋近辺で作業していた。そして、放射線量が一日に一ミリシーベルトを超える、放射能に強く汚染されたゾーンの近くで作業していたと明言した。これは、原発労働者が限度と決められている年間被ばく量の二十倍だ！ シーベルトとその約数は人体被ばくによる放射能の生物学的影響の測定単位である。被ばく放射線量と時間が増せば健康に対する危険度も増す。国際放射線防護委員会（ICRP）*は二〇〇七年に、放射能にさらされている労働者には「年間二十ミリシーベルト（五年間平均で百ミリシーベルト）を上限とし、また実質被ばく上限を年間五十ミリシーベルト」とする勧告を行なった。広島と長崎以後、癌発症の危険は百ミリシーベルトから大きく増大することがわかっている。

「ここに長くいすぎると死にます」と、若者は断言した。過剰に被ばくしないように、そしてストレスと疲労を防ぐため、彼の日課は三時間となっている。S・ショウタの中では、疲労の限界が怒りへと一歩踏み出している。もう一つは一般の無関心に対する苦々しさだ。「ここで何が起こっているか、満足に語られていない。フクシマの作業員は放ったらかしにされている。使い捨て人間だ。雇って、使って、役に立たなくなったら捨てる。ぼくも同じで、使い捨てだ」。

この早熟な若者は、口数が少ないだけに存在感がある。彼は、この原子力のタイタニック号を引き揚げるために、日夜身を粉にしている約四千人の重労働者の一人である。彼らは日本列島の各地から、一人で、あるいはグループで、大企業そして大部分は地方の中小企業に雇用されてここにやってきた。怪しい斡旋業者を介してだと、労働基準法や安全基準は守られない。彼らは声なき民だ。顔もなければ名前もない。発言権もないし、それゆえ褒められもしないし感謝もされない。

Ｓ・ショウタはこうした駒の一つだが、生まれは広野だ。たばこの煙の向こうで話す彼に、この放棄と帰属の重なった心境が見え隠れする。爪を噛み、ときどき腕組みをしては、「原発で働こうと自分から思ったし、（自分の）町のイメージを良くしたかった。ぼくは生まれ故郷を棄てたくない」と言った。彼は憶えている。地震で家が揺れ、道路が盛り上がり、黒い波が海岸に押し

＊国際放射線防護委員会（ＩＣＲＰ）：放射線防護に関する勧告を行なう民間国際学術組織。事務局はカナダのオタワ。国際原子力機関や世界保健機構、国際放射線防護学会、英、米、ＥＵ、スウェーデン、日本、アルゼンチン、カナダなどが助成金を出す。二〇一一年の福島第一原発事故に際し勧告。放射線量の許容値をこれまでの年間一ミリシーベルトから二十〜百倍に引き上げ緩和することを提案した。これを受け内閣府の原子力安全委員会は、①帰還困難地域（放射線量が年当たり五十ミリシーベルトを超える区域）原則立ち入り禁止、宿泊禁止、②居住制限区域（放射線量が年当たり二十〜五十ミリシーベルトの区域）立ち入り可、一部事業活動可、宿泊原則禁止、③避難指示解除準備区域（放射線量が年当たり二十ミリシーベルト以下）立ち入り可、事業活動可、宿泊原則禁止を決めた。しかしチェルノブイリでは、年間一〜五ミリシーベルトは移住権利ゾーン、五ミリシーベルト以上は強制移住ゾーンであったこと、また、二十ミリシーベルトは放射線作業従事者の年間被ばく限度であることから、規制が甘すぎるとの批判が絶えない。

寄せてきて鉄道線路を呑み込み、火力発電所を壊し、大きな白い煙突が視界をさえぎり、地面がいくつも裂けた。寒かった。雪が降った。電気も通わない。何の心配もなかった毎日がどこかへ消えてしまった。こんな事は子供の時から一度もなかった。四月の初め、家は半径二十キロメートル以内の立ち入り禁止区域の境界線上にあって、家族は放射能汚染の緊急時避難準備区域に指定された広野からの避難を余儀なくされた。原発のいたるところから放射性物質が流出し、地域には強い余震が連続し、当局は狼狽し、状況はさらに悪化するかもしれない、そんな時期だった。

S・ショウタは、津波に流された人たちと、原子力に追いやられた人たちとの両方に属する。彼は二〇一二年に町役場が再開するのを待って町に戻って来た。一人で戻ってきた。妻は妊娠していて、横浜の親戚の家にいた。この頃は、広野で学校や公共施設を重点的に除染するアルバイトで食べていた。町長の山田基星*は、町を復興の見本にしようと強行軍で動いた。風向きの関係で、広野が富岡町、大熊町、楢葉町、双葉町、浪江町などに比べて放射能汚染が非常に少なくて済んだことでも町長は救われた。廃棄物除去、除染、セキュリティ対策、復興事業など、すべては大災害から脱却して新たな一ページを開くためだ。地域の各企業は何をすべきかわからないでいた。地元企業は占めて八十社以上あり、従業員は約三千五百人を数えた。広野の人たちは町に戻ってくると、すぐさま原子炉と建屋の作業員に合流した。ショウタの父は東電の下請けの、そのまた下請けの会社に採用された。彼は一年間、福島第一の原子炉のすぐそばと、緊急用貯水槽で作業した。数ヵ月で年間被ばく量の限界である二十ミリシーベルトに達した。こうなると作業員は休養しなければならない。彼は「使い捨て人間」の仲間入りをしたのである。

ショウタが原発労働者大ファミリーの一員に加わったのは、この時であった。二〇一三年三月、ショウタは従兄弟が経営する、会社の名前は明言しなかったが、溶接と足場組みが専門の中小企業で働くことになった。この会社も、損壊した原発に殺到する無数の企業の一つにすぎない。彼は社会保険の対象となり、労働時間三時間に対し日給八千円、さらに危険手当として国から支払われる一万円が支給された。注目すべきは、決してすべての下請け企業がこの援助を受けてはいないことである。結局、S・ショウタ青年は、毎月四十二万二千五百円を受け取っていた。この報酬は、この時期のフクシマの作業員の七割が受け取っていた、東電自身の証言によるところの、時給八百三十七円に比較しても遜色ない。

彼は、口を丸くすぼめてたばこの煙をゆっくり吹き出し、それから携帯の灰皿でもみ消した。S・ショウタは胸のつかえがとれたようだった。原発内の状況を説明していた彼の言葉が、突然途絶えた。ファミリーマートから出ようとしたとき、つなぎ姿の作業員が近づいてきたのだ。距離があまりにも近すぎる。S・ショウタは口を閉ざすと、周りをぐるりと見渡してまたたばこに

＊町役場が再開：広野町は福島第一の事故で役場機能をいったん小野町に置き、その後いわき市に移した。町の全域が緊急時避難準備区域となったが、二〇一一年九月に解除。道路や下水道の復旧工事を進め、小中学校、公共施設や住宅などの除染を進めた。二〇一六年八月中旬現在、震災前に約五千五百人いた全町民のうち帰還している人は約半数である。多くの町民が避難生活を送っていた。二〇一二年段階で役場機能を移したのは浪江町、双葉町、大熊町、富岡町、楢葉町、飯舘村、葛尾村、川内村。

火をつけた。件の男は携帯電話をいじっている。黙って、横目を使っている。少し歩いて駐車場の左の方へ向かい、軽トラまで行く。こちらの話を聞かれたかどうかはわからないままだった。

福島第一で働いて六ヵ月経ったが、彼は何の期待も抱いていなかった。「自分の町を救うため、原発の状況の改善」に貢献したいのは「変わらない」が、行なわれている作業には大いに疑問があると言う。「今やっていることは何の役にも立たない。汚染水漏れはあるし、原発は常時放射能を排出している。汚染水は実に大きな問題だが、東電はこの状況から脱出できない」。初期の報告が出たとき、S・ショウタはがっくりきた。それもそうだ。「これはいつまでたっても終わらない。ここで何が起こっているかを知ったなら、当然、東電を責めたくなる。作業員は一週間で辞めて出て行く。驚くほど出入りが激しい。ここにやってくると、下請けで指示された仕事ではなくて別の仕事をさせられる。出鱈目ばっかりだ。それが真実だ」。彼は、実に特殊で危険な、普通では考えられない現場で、スピード競争のようなことをさせられている作業員たちの実態を話す。「作業員の多くはろくに訓練されていないし、道具の使い方も知らない。例えば、貯水槽の水漏れも多くは不手際が原因だ。現場では怪我もする。どこか切ったり、落ちたり、もうくたくたになる。事故は絶えないし、次から次に何かが起こる。だからついおろそかになる。しかもメルトダウン以降、炉心で何が起きているのかわからないままだ」。怒りがこみ上げる。ショウタは深く潜る前に大きく深呼吸する素潜りダイバーのように一呼吸おくと、言った。「首相が世界に向かって、状況はコントロールされています、と言ったとき、ぼくは笑っちゃったね。とんでもないよ。汚染水漏れは度を越しているし、危険がいっぱいだ。俺たちのことなんて知っちゃいないんだ」。

放射能防護の訓練は二時間しか受けなかったそうだ。だが、各任務に就く前に上司が付き添って、動作、危険性、被ばく線量について教えてくれた。自分は特別扱いで保護されているとわかった。彼は無意識に線量測定管理を上司に任せてさえいた。彼はまもなく年間被ばく量上限である二〇ミリシーベルトに到達する。「上司も、義理の父も、もう危険だから仕事をやめろと忠告してくれた。六ヵ月未満なら大したことはない、と言う親父とも話し合った」。東電の下請け会社に良く思われようと、シーベルトとの鬼ごっこを一年も続けた人物の忠告は、結局のところ科学的でもなければ、信頼に値するものでもなかった。

この午後、コンビニの駐車場で、私はショウタがもうここからいなくなるのがわかった。通訳の龍介と私に時間を割いてくれたこと、その話、虚ろな眼差し、これらすべては彼が福島第一から離れるつもりであることを物語っていた。数週間後には、彼は田舎でのんびりしていることだろう。だが、休めるのは少しだけだ。彼はまた、広野あるいは隣町の楢葉の除染作業か建設現場に戻ることになるのだ。「生活のため、本当に金が要る。何よりもそれが優先する」。

孤独な家庭の若い主人は、ささくれ立った手で最後のたばこに火をつけた。決して名前を明かさないという条件で、また取材を受けることを承諾してくれた。彼は、しっかりした足取りで軽トラックに戻っていった。バックで車を出し、左折の方向指示器を点滅させながら、軽トラックは6号線に合流した。その後から、きらきら光るクローム車体のトラックが、埃の竜巻を巻き上げて走っていく。ショウタは広野の町に去って行き、名もない一人に戻った。われわれは再び国道6号を行った。

第3章　埠頭

3. L'Embarcadère

出口はすぐにわかった。串刺しになった大きな球が二つと、青色の大看板がJビレッジ*の入口を示している。国道6号線沿いに建設されたサッカー練習場とスタジアムだ。長い突起のある、すべてガラスと磨き石素材を使用した、現代的で醜悪な機能的デザインの建築が、アスファルトの基礎の上に建っている。周辺は、汚染土が詰まった袋が山と積まれた広場、ダンプカー、満員の駐車場、歩道橋、そして大木の樹林や海浜の松林に通じるロープで仕切られた道。この小道の先にはスポーツ施設や野外フォーラムが点在し、それから、ここに来たことをいつも実感させてくれる太平洋がある。

この、こんもりした森と緑の風景の中で、最初に目にとまるのは三基の塔だ。煙突が三本、水平線を遮って空に突き出している。海岸沿いの農地に突き立つ産業のトーテムポール。いわきから広野に初めてやって来た時、てっぺんに青い首飾りをつけた白いコンクリート製の柱から白い蒸気が立ち昇るのを見て、もう福島第一に着いたと早合点したことを思い出す。以来、この風景の前に立って広野火力発電所の煙突を見るたび、私は目的地に着いたと実感する。無臭の蒸気の柱が大気に消えていくのをながめていると、想像上の旅の中で、煙突が禁断の地帯への境界線の目印のようだ。それにしても、どういうわけでプロのサッカーチームや何十万人ものスポーツ愛好家を受け入れるための総合スポーツ施設が、東京電力経営の工業地帯の煙突の裏に建てられることになったのか、いくら考えてもわからない。電力会社は、九〇年代の終わりに原発建設に約百七十億円を投じ、その従業員と下請け会社の従業員のためのレクリエーション施設だった後背地を躊躇なく転用することにした。

Ｊビレッジの建物への入口はラウンドアバウト（環状交差点）になっている。幅の広いスライド式ドアを通ってホールに向かう。ガラス張りの壁にサッカー選手の写真ステッカーが貼ってあり、「不可能はない」とある。このアディダスの金言も、アスリートにしても原発作業員にしても、そう簡単に実行できることではない。でも不思議なことがあった。初めてＪビレッジの練習施設を訪れた時、身分証明書を提示しなければならなかった。開けゴマで開けばいいのだが、近辺を警備する小肥りのガードマンの話のわからなさそうな顔と同じように、入口はしっかり閉っていた。「ここは許可無しでは入れません。出てください」と言われた。トラックの中にいた作業員にこっそり話を聞こうと考え、そこから離れた。すると、たちまち制服の警備員たちがやってきて所定の位置につき、責任者の女性が現われた。これが、すごい剣幕だった。「作業員と話はできません、禁止されています。ここは私有地です」と、人差し指で私の肩を突いてがなりたてる。「出て行かないと警察を呼びますよ」。彼女はウォーキートーキーで本部と連絡を取ると、

＊Ｊビレッジ：正式名はジャパン・フットボール・ビレッジ。福島県双葉郡にあるサッカー専用施設。一九九七年竣工。一九九四年、福島県内に原発など多くの施設を所有する東電は地元貢献として地域振興施設の造営、寄贈の提案を、選手育成の拠点確保を急ぐＪリーグに行なった。一九九五年以降、東電は広野火力発電所に隣接した広野町町有地に約百三十億円かけて整備、五千人収容のサッカースタジアムや天然芝グラウンド、屋内トレーニング場、宿泊施設などを建設した。福島県へ寄贈され外郭団体の県電源地域振興財団の所有となった。

聞こえよがしに脅し文句を連発し、それから部下に指示した。こちらは、意外ににこにこしている物静かな作業員と話をしようとその場を動かないでいた。ところが、駐車場に人が集まってきた。こうなると、とぼけてもだめだ。作業員たちはすぐにこわばった表情になり、口を閉ざしている。例のにこにこしていた作業員も軽トラックの窓を閉め、ハンドルを握ると原発の方向に去って行った。私たちも彼の後をついて行った。パトカーがJビレッジにやって来たのは、まさにその直後だった。日本の治安当局相手に冗談は通じない。大災害に見舞われたこの地ではなおさらである。

この経験はいい勉強になった。それからというもの、私は通行証と、東京の東電本社に申請して入手した認定証を携えてまたやって来た。「不可能なことはない」とはこのことかもしれない。以来、私の前で扉は開かれるようになった。Jビレッジは関所のように、そこを通らないことには二十三キロも離れた福島第一原発の正門に行くことができない。東電が差し向ける訪問者は、この不可避の往復路を通って、汚染され身動き取れなくなった区域と、開放され生きている空間との間をぶらんこのように行ったり来たりする。国道6号は、この二つの世界をつなぐ回廊だ。

二〇一一年三月から、Jビレッジは自衛隊と東電社員の司令本部になった。地震と津波と爆発事故に次々と見舞われた原発の管理統制を回復するために、総勢一千余名の人員が動員された。彼らはここで宿泊し、食事し、ほとんど床に寝起きし、その場で着替え、目に見えない相手と対決すべく、防護服を装着し、装備を着け、北に向かって行った。当時の写真を見ると、ぎっしりと整列し両手を後ろに組み、奇妙な戦争の最前線への出動を控えて指令を聞いている自衛隊員と消防隊員の姿が写っている。サッカー場は駐車場と資材、クレーン車、トラックその他の車両置き場に変身した。以後、危険は食い止められ、原発に都合を合わせて休息所や更衣室が備わった。Jビレッジは、専門家、東電および下請け会社の社員がひしめき合う広大な司令本部になった。そして報道関係者および作業の進捗状況に関するセミナーやブリーフィングに招請された人たち、発電所関係者向けに開放された。

この朝、船の中にいるような印象のJビレッジの一階の廊下を探索した。イギリス、アメリカ、日本、スペインのジャーナリスト仲間のグループも歩き回っている。日本版ミッキーマウスのような、赤と白の円をデザインしたロゴを胸に付けた格好いい作業衣の東電の役員たちとすれ違う。笑顔も冗談もない真剣な表情だ。壁に架かった、サッカーの日本代表チームや、この国で一番人気があるスポーツ、野球の選手の写真も、これみな原発のお陰と言いたいのであろう。だが勝つために努力する大切さは誰にもわかるだけに、なんとも空疎に映る。だがもっと目立つのは、ホールに置かれた掲示板に画鋲やセロテープでとめてある、日本中から送られてきた数十通の激励のメッセージだ。外国からのも混じっている。「頑張ってください」「あなたたちと一緒にいます」「みんなのために働いてくださってありがとう」「あきらめないでください」など、祈る絵もあれば、朝日に合掌するのも、日の丸の旗や漢字や下線入りの言葉やスローガン「一人はみんなのために、みんなは日本のために」もあり、感嘆符と楽観的な檄文が並ぶ。ある小学生の描いた絵は、きれいな色の家があり、山の上には日が昇り、青い服を着た母親の心は赤とピンクで、一つは泣いているようだ。十数枚のカードは救助隊員に宛てたものだ。マスコミやテレビ、そして巷間ではもう誰もフクシマへの関心が薄れたと言われている。このギャップをどう理解すればいいのだろう?

廊下を出た右側に雨よけの庇があり、お茶とコーヒーの自動販売機の周りで数人の作業員が一服している。やつれた顔、しわくちゃな服、虚ろな眼差しの男たちは急いていた。疲れて、携帯をいじるのに忙しくて口もきかない。どうせ彼らと話をすることはできない。東電は作業員との会話を禁止していて、建物内でのわれわれの動きを監視している。ある社員など、トイレに行く私に付き添うのも仕事だと考えていた。彼は私が出るまで入口で待ち、それから会議室まで同行すると言う。もしこちらがトイレから出てこなかったら、ドアをノックしに来るのだろうか? 構内と周辺の駐車場の写真撮影は禁止されていた。いくら用心しても無駄なことだ。その後の取材で、こんな禁止などどこ吹く風になってしまった。

原発内に入る前には、東電の幹部に安全基準と取材内容と禁止事項を再確認させられた。東電指定の担当者のいないところでは作業員と接触してはならず、メモ帳と筆記用具以外にはカメラや私物などは持ち込めない。余計なことはするな、である。外では、擦り切れた座席と肘掛をビニールでカバーしたバスが待機している。防護態勢状況は初めての体験だ。日焼けして色褪せた折り紙と造花がバックミラーにぶら下がって揺れている。フロントガラスの上にある張り紙が、ＪＶ - １Ｆルートマップである。ＪＶ - １Ｆは符号で、Ｊビレッジからイチエフつまり福島第一の略称の１Ｆまで行く、と判読できる。初めて行った時、バスは一キロ走ってからドームで覆われた人工芝のグラウンドの前で停車し、私たちは車から降ろされた。プラスチックでコーティングしたキャンバス製テントのあふれんばかりに明るい内部に、白い大きな機械が六台並んでいる。その前に作業員たちが列を作っていた。一人ずつ順番に、白いパネルに背をもたせかけて坐る。カウントダウンが始まる。六十秒間、ホールボディカウンター（ＷＢＣ）*が彼らの体内汚染を測定し、その数値を記録する。「毎日、原発に入る作業員は全員ここを通過しなければなりません。これは強制的に実行しております」と東電の若い広報担当者が満面の笑顔で断言する。現場入りする四千人にものぼる作業員を検査するために、気の遠くなるような時間がかかる。このような大規模作戦に驚いた私は、尋ねてみた。「はい、東電と下請け作業員全員です」。その後出会った原発労働者にこの話をした。すると、みんな驚きと冷笑の混じった表情になった。誰一人としてＪビレッジのＷＢＣを通過したことがなかったのだ。このように断言した東電の若い広報担当者は、十分な根拠をもってこんな発言をしたのか、それとも自分の会社が金科玉条の規則と

＊ホールボディカウンター：英語ではwhole body counter。体内に存在する放射性物質を体外から計測する装置。全身カウンターやヒューマンカウンターとも呼ぶ。検出可能な計測対象はガンマ線を放出するマンガン54、コバルト60、セシウム１３７など。

倫理規定に従って作業員の安全を確立していると、何としてでも外国人記者に思わせたかったのか？　どちらにしても、情けなくなる馬鹿な話だ。

ふたたび1F行きのバスに乗る。ドアの横に、黄色い紙に手書きで「途中の放射線量は〇・〇〇ミリシーベルトです」とはっきり書いてある。これは驚きだ。まだ出発する前から、安全なので安心してください、ときた。雨がしとしと降るどんより曇った空の下を、原発周囲半径二十キロメートル以内の立ち入り禁止区域を抜けるアスファルトのベルト、6号線に入る。広野の出口では、あたかも雨に光る屍体カバーのように、緑色の防水シートや汚染土で膨らんだ黒や青の何百もの袋が泥土の広場にびっしょり濡れて山積みされている。海岸線では、以前田んぼだったところ、閉鎖された学校の校庭、駐車場や廃屋になった倉庫などに、二〇一一年以降そのままになっている荷物が放置されている。原発周囲半径五十キロメートル内は、緑とプラスチックが織りなす奇妙な風景が広がっている。楢葉では、町役場がこのような荷物を集めて二十ヵ所に集約しており、いくつかは6号線からも見える。この地区は、風向きの加減で近隣より放射能汚染が少なかったが、この光景には帰還を希望している住民の気も萎える。

三キロ先の右手にある、東電が運営するもう一つの発電所、福島第二原子力発電所に通じる赤い欄干の橋を通過する。大量の袋やシートや、切り崩された海岸の土などから出た汚染廃棄物の焼却工場はもうすぐ先だ。原発から八キロのところ、ゴーストタウンになっている富岡町の入り口にやってくる。原発周辺に数珠繋ぎ状に建設された町はどれも同じで、国道6号線に沿って細長く伸びている。ある朝、ここで車を止めた。この町は、一部が津波に呑まれ、残りは地盤が半分崩壊し、屠殺された家畜のように腹をぽっかり開け、膝を折り、放射能の塵芥の中に崩れ落ちたようになっている。まるで、大災害に無理やり押さえつけられたようだ。安倍晋三首相の党、自民党選出の議員の顔写真が木造の玄関から落ちて下を向いている。倒壊した家屋の敷居に柱時計がぶら下がっており、錆びついた針が十四時四十六分を指している。一瞬、もうそんな時間か、と勘違いする。時計の針は、埃をかぶった文字盤の上で止まったままなのだ。二〇一一年三月十一日、時間は止まった。そして、放射能の雲がすべてを袋小路に追い込み、汚染状況を豹柄のように図示した見慣れない地図の上に開放区域が表示され、そこから立ち入り禁止区域が隔離された。津波で破壊された小さな駅と空っぽのプラットホーム、くしゃくしゃになった車体など、被災地現場は津波の猛威と放射能の悲惨さを伝えるための象徴的情景として長く紹介されてきた。二〇一五年の初め、ＪＲ東日本はすべてを撤去し、清掃した。

残っているのは雑草が密生する埠頭のコンクリートだけだ。この波止場からどこに向かうのか。いったいこの先どうなるのか。海に向かって数百メートルのところ、すぐそばの空っぽの野原。ここもまた、広大な海岸地帯にぽつんと残る一軒の倉庫と一軒の傾いた家屋を除いて、すっかりきれいになっていた。なぜなら当局は、福島県内数十平方キロの地表から削り取った数千トン、数千立方メートルにのぼる汚染土、木の枝、木材、草、あらゆる種類の植物性廃棄物を詰めた何万個もの黒い袋（フレコンバッグ）を保管するための専用地を用意したのだ。これがどれだけの質量を意味するのか、その数字と個数には気が遠くなる。まるで死んだサイかカバが転がっているように、袋の数は増えて太平洋の泡だらけの海岸に溢れている。津波の黒い波が行く手のすべてを粉砕し、興味深いことに、別の新しい波がやってきて海のそばに大量の放射能の行き場所を準備したかのようだ。海風が吹きつけ、クレーンが高く回転し、動きまわり、袋を四段にも五段にも積み重ねて野外にピラミッドを作っているのが白い柵の向こうに時々見え隠れする。そしてもちろん、臭いもしなければ廃棄物のかけらさえ見えず、黒い袋だけが見える。

車で一回りしてみる。数百メートルにわたって続く汚染土の保管場に沿って国道をまっすぐ走る。気がつくと周りは、袋と廃棄物の広場だけになっていた。海岸も集落も見えない。ブルドーザーと大型ダンプの横だと、トヨタ・ヴィッツは周りの風景に圧倒されてマッチ箱のようだ。NHKが撮影して、数ヵ月後に放映したドローンによる空撮映像を見て、この黒い袋が並ぶ海岸の風景の異様さをあらためて感じた。今後、二〇一八年に向けて、この廃棄物の一部は富岡町と原発から十キロの浪江町にある焼却場などで処分されることになっている。どちらの町も太平洋岸沿いにできた町だ。最も汚染が強い廃棄物は、双葉と大熊の両町に建てられる新しい中間貯蔵施設*に保管される。数ヵ月に及ぶ交渉を経て、政府は高度に放射能汚染され極めて危険性が高い数千トンの廃棄物を三十年間保管する認可権を各町役場から剥奪した。しかし二〇一五年春、政府は必要とする十六平方キロメートルの土地に対して、六ヘクタール（全面積の〇・四パーセント）しか地主から取得することができなかった。双葉・大熊の廃棄物処理はまだ終わったと言える段階ではない。ＮＨＫが実施したアンケートによれば、これでは七万五千ヵ所の仮置場にすでに分散して保管されている除染廃棄物全体の十分の一しか収容することができない。双葉と大熊は、少なくとも三十年間にわたってフクシマの大災害の新しい犠牲者になる。この時期が終わった後、政府はこのお荷物を福島の県外に持っていくことにした。しかし、どこに持っていくかは固く口を閉ざした。当てがなかったからだ。誰がこんな重荷を引き受けるというのか？　こと放射能に関する限り、連帯にはつねに限界がある。

海を望む見晴らしのいい高台に出た。オーシャンビュー・ホテル（いわき市小名浜にある高級リゾートホテル＝訳者）には大きな窓がある。以前ならここに座って、何もかも忘れて、のんびりと景色を楽しんでいたことだろう。だが今は、黒い袋が並ぶ広場と遠く波しぶきに霞む福島第二原発の亡骸の前で、泡にまみれる悲惨な海が見えるだけだ。潮の香りを嗅ぎたくてここに来たのだが、空気は何の塩気もしない。それでも、風は岸壁に吹きつける。放射性降下物を浴びた地域の空気の流れは危険でしょうか、と質問されたが、果たしてどうなのか。この日はまるでわからなかった。私は初めて来た日のように、放射性元素をたっぷり吸い込んでしまうのが怖くて、愚かにも口を閉じていたりなどしなかった。周辺の有様に言葉を失った。閉鎖されたホテルの前に、

＊中間貯蔵施設：福島第一原発の除染作業で生じる汚染土壌などの汚染廃棄物を最終処分するまでの期間、安全に保管する施設。施設予定地は、現在のところ双葉町と大熊町に限られているが、今後の予定については何も決まっていない。

赤い警告灯が二つ、電線にぶら下がっており、住居侵入を厳重禁止している。誰がここに泊まるというのだ？　駐車場はアスファルトのひび割れから生え出た雑草にびっしりとおおわれている。ここは即時避難を宣告された所だ。まるで羊皮紙みたいに黄色く変色したゴミや紙くずが埃だらけの地面にこびりついている。大きく狂ってしまったこの空虚さに残存する唯一の生命の証しのように、繰り返す波の音が耳について離れない。

夜《よ》の森《もり》地区へと向かう。今風の家や町家、芝生の庭に、桜や松。海に臨むのは富岡の住宅街だ。二つの地区を結んでいた道は今では両者を二分する別離の道だ。夜の森を二つに割くのは、幅五メートルのアスファルト道路だ。一方は立ち入りできる区域で現在除染中、もう一方は立ち入り禁止区域である。作業員が多くないのが変だが、地面を削り、かき混ぜ、袋詰めしている。しかし一歩先では、被ばく量が強すぎて全面立ち入り禁止だ。この被ばく休耕地沿いの、海風に打たれた大きな松林の中では線量計がピーピー鳴り、一時間に七・二マイクロシーベルトの線量を表示する。周りを包む重苦しい静けさ。遠くで不意に、アクセルをふかして車が遠ざかり、沈黙を破る。この放射能の無人地帯の中で、富岡町役場は放射の線量九・五四マイクロシーベルト超、年間線量八〇ミリシーベルト以上を測定した。これは、国際放射線防護委員会が勧告している年間被ばく量の許容限度の八十倍である。当局は、放射線量が下がるのを待って除染作業を始めたいと考えている。非常に放射性の強い廃棄物の袋はここから、今日や明日には住民の帰町がありえない「危険地帯」に移管された。富岡町の住民一万五千八百人の四分の一が住んでいたこの地区では、誰も作業開始の前倒しを求めなかった。「この危険な地域は、少なくとも五年間手をつけないと決定されていました」と富岡町復興推進課課長の高野善雄は明言する。白髪のメッシュに、柔和な笑顔のこの人はほとんど幻想を抱いていない。「公式予定を信用すれば、富岡町の住民は二〇一七年から帰町できることになりますが、除染作業の方が二〇一四年の一月にやっと始まったばかりで遅れていますから……」。つまり夜の森は待ち、高野はじっと辛抱する。彼は様々に色付けした地図の上の一点を示す。それは彼の自宅の場所で、危険地域の真ん中だ。二〇一一年三月十二日に緊急避難命令が出された時、彼の家は築一年だった。「両親もここに住んでいました。先祖代々の土地で、相続するつもりでいます。後々、問題なければ年に二、三回は戻ってくるつもりですよ」と、言う。しかし、自治体責任者としてはそうなる日が来るとはまず思っていない。高野善雄は弱々しくぼんやりと私を見ている。

大熊町の場合、帰町はいつになるか予想がつかない。原発から五・五キロメートルの距離にあるこの町は立ち入り禁止になっている。「ここから先は国道を通る以外、通行は許可されていません。汚染が強いですから」と東電管理職の中山正（広報＝訳者注）は情報公開の透明性を自慢して、最大の安全性を強調する。当局は各交差点、各戸口、各店舗の前を柵で封鎖して進入できなくしている。商店前の駐車場には電気柵のガードレールが設置され、地面にセメントで固定してある。信号機はすべて緊急車両用に黄色が点滅している。有刺鉄線と標識だらけで、国道６号はダンプカーと作業員輸送バスが行き交う二車線の通路以外の何物でもなくなり、まるで救助隊や難民や兵士が行き交う戦場のようだ。東電の社員は、素潜りの前に息をいっぱい吸い込めといわんばかりに、バスの窓を閉めるように言う。放射能の地雷が埋まっている敵地の真ん中を駆け抜ける特務軍団の一員になった感じだ。私はごく普通のジーパンにウインドブレーカーとテニスシューズという格好だ。着のみ着のまま、怖くはない。これらすべて大げさという感じで、別にどうと言うことはない。線量計が上下し始める。三・三マイクロシーベルトから一・八に下がったかと思うと、五・五から七・二まで上る。

民家は空っぽだ。窓は開きっぱなしか、ガラスが割れているかだ。色褪せてしまったカーテンが風に吹かれている。国道沿いのＤＩＹショップは閉ざされたままで、棚の道具類、肥料や種の袋は崩れ落ち、そこから草木が芽を出している。コンビニは施錠する間もなく、ベニヤ板で封鎖されている。ウインドウはブロック製の壁になっている。少し行ったところのモーテルは建物が見えなくなるほど草木に覆われている。大規模量販店のショウウインドウは粉々になったガラスと、地面に崩れ落ちたエアコン室外機の残骸の中に埋もれている。さらに進むと、広い駐車場に車が二台、放射能の襲来で置き去りにされたままだ。車体は原形をとどめておらず、タイヤはペちゃんこで風雨にさらされひび割れし、埃をかぶった屍体のようだ。色褪せ、半分開いたままのゴミ袋が無人の家の玄関に置かれたまま化石のように固まっている。地震が破壊したものを放射性物質が化石化し、この田舎の小さな美しい村、手作りと商いの人里から人の姿を消してしまった。別の日の朝、大熊町の小さなラーメン屋の前を通った。割れたガラスドアから店内を見ると、客がそばをすすっていたL字型のカウンターにレザー張りの腰掛けイスが並んでいる。卓上には箸やコップが散乱しており、急いで立ち去った当時の状況を残している。一刻を争う緊急事態に、店を開けたまま長く留守にする以外なかったのだ。ヤマブドウの蔦が、主のいない食堂の窓や戸をふさぎ、外壁を覆っている。

この地方では野生が実権を取り戻した。国道には大量発生したイノシシ注意の警告板が出ている。家財道具などを取りに数時間だけ自宅に戻ってくる住民は、ダニなどの害虫による被害を嘆く。除染の仕事をする作業員が出入りする無人の集落では、まるで以前の人間たちの騒音に対する復讐のように野鳥の鳴き声が聞こえる。ある朝、富岡町の学校の前で一羽のカラスが桜の木のてっぺんにとまって、見張りよろしくカアカアと盛大に鳴いていた。お山の大将気取りのカラスは風に揺れる枝の上で、眼下の無人の国道から見上げる他所者を真っ黒な目でじっと見つめていた。

同様の容赦無さで植生がこの無人地帯を席巻した様には、今までこんなものを見たことがないだけに驚愕の一語に尽きる。土地の広さに限りがあり、石庭や禅寺だけではなく、自然や植物相を制御し型にはめ込む傾向が顕著な日本では、休耕水田のあぜ道が崩れていたり、木々が異常に枝を張って街路にはみ出したり、野生の竹が民家の居間の畳や、カモジグサの密生するアスファルトなどから突き出ていたりするのを目にすることなどほとんどない。若草の色も、田植えの後の早苗がきちんと並んだ美しさも、もう見ることができない。

この植生の氾濫に私は、バルカン半島の、あるいは東南アジアの地雷だらけの旧戦場や民族浄化された村々を思い起こす。人間は、ひょっとして衰退の烙印を押された地球上の厄介者なのかもしれない。戦いに敗れ去ったようだ。種をつけた丈の高い草がカサカサ、さらさら風にそよぐ。アルベルト・ジャコメッティの細長くてすらりとしたシルエットを見た日を思い出す。土手に立つ、実を鈴なりにつけた柿の木がかすかに揺れている。もう誰も食べようとはしない柿の実は熟れすぎていて、落ちて、無人の道路の薄黒いアスファルトにオレンジ色のどろりとした果肉が飛び散っている。その横には、地震でなぎ倒された木がまるで巨大な病人のように臥せっている。倒れる時、送電塔を巻き添えにしてもいる。

これは国道6号線を出て福島第一に向かう時に見た光景だ。原発まであと一キロ。カウンターが一一・五マイクロシーベルトまで上昇し、それから一・八まで下がった。警察の検問所が見えてくる。制服警官の後ろに、発電所のそばのクレーンが木のてっぺんから上に出ている。警察官が通してくれる。雨が上がった。風も弱まった。空は灰色、どんより曇っている。

第4章　人間蟻塚

4. La fourmilière humaine

道は行き止まりになっている。駐車場があり、突堤になっている。ここは一時、木が植わっていた高台で、海に張り出していた。原発はこの下の方にある。ここからは見えない。水平線にクレーンだけが突き出ている。まず、灰色とベージュの建造物が見え、きれいに掃除されたアスファルトの駐車場に十数台の乗用車、バン、バス、トラックがぎっしり並び、十数人の人間の姿が見えてくる。男ばかりだ。妊娠期の女性、妊婦、授乳期の女性の場合、放射線照射の脅威は現実的な問題だ。いずれにしても、工事現場や男性中心産業では、女子労働者の数は多くない。バスは、最後の角を曲がるとプレハブの大きな建物の前で停車した。福島第一の「巣箱」の入り口だ。金属探知機、身分証の確認を経て自動ドアを通る。ロック室に入ると、スクリーンが光ってIDカードを登録する。それから暗証番号を入力する。この日の午後は6で、四回連続して入力し、丸いグリーンのボタンを二回押す。すると金属のドアが開く。右側に、変な顔をした奴、日焼けした奴、おしゃべりな奴、陽気な奴、口数の少ない奴などの作業員がいる。全員急いで、階段めがけて殺到する。作業衣に着替えるのだ。私たちは完璧に異質な存在で、白人丸出し、東電の幹部に付き添われ、二手に分かれて左側の来客用の場所に引率される。蛍光チョッキの左側の胸ポケットに入れた線量計と紙製のマスクとプラスチックの靴カバーが戻される。カバーした足元は歩くたびにかさかさ音を立て、アヒルと呼ぶのがぴったりのおぼつかない足取りで、次のバスに乗り込む。

ジャーナリストと学生からなる私たちの小グループは構内を進み、それとともに発電所のスケールが見えてくる。人里離れた平野の小さな陸の孤島に建てられた福島第一は、大災害の前は構内道路、車両、信号、緑地帯などを兼ね備えた世界最大の原子力施設の一つだったが、今では事務所と宿泊所しかないあばら家に縮んでしまった。福島第一は人口三千五百万人を抱える大東京と、関東地方の一部に電力を供給していた。建設が着手されたのは一九六六年だった。第二次世界大戦が終わってから二十年後、日本は経済成長の最盛期にあった。日本は、欧米先進国への仲間入りを示すべく、原子力の平和利用を技術革新の一つの手段として採り入れた。東北の田舎の貧困地帯に原発がやってくることは、控えめな反対の声はあったものの、一つの活力剤であり、生活のために東京に出稼ぎに出るのが普通だった一家の働き手にとって、明るい未来を約束してくれるものであった。そして、太平洋の海面から四メートルの高さの位置に原子炉が建設されることになった。ユーチューブで検索できる昔のＰＲ映画を観ると、海岸にできるだけ近づけるためにどのように台地と岩盤を切削していったかがわかる。他の五ヵ所の建設は一九七九年まで続いた。ＧＥと東芝と日立が建設に携わった原発は沸騰水型原子炉の設備を備えた。このすべてが解体されることになるのだ。

安全対策、解体作業、そして作業現場の拡張は原発施設の敷地を拡大利用するしかなかった。東電は、地震の損傷を受けた建物のそばに新しい設備を作り、排水路を掘削し、工事用機器、プレハブ資材、水槽を持ち込んだ。そしてこうした突飛な機器類は、日を追う毎にさらに多くの作業員を使い続けた。この誰もやりたがらない汚れ仕事に携わる人たちは、二〇一二年には二千人を超えていたが、三年後には七千人近くになり、関連企業はどこも人手不足、熟練工不足を嘆いた。東電は放射能に過剰汚染した約二十六万立方メートルの量の瓦礫や放射性廃棄物を処分できず、それを仕分けし、固形化し、分類して保管しなければならなくなった。

物音一つしない無人の田園地帯からやって来て、地の果てに出現したこの人を寄せつけぬ人間蟻塚を前にすると唖然とさせられる。この腫れ物を、放射能汚染水あるいは一部は除染水を貯蔵するために急遽建設された数百のタンク群が彩っている。貯水量は二〇一五年九月には七十万トン以上あった。毎月約二〇個の割合で作られるタンクが敷地の南の金網まで緑地と木立を侵食しながら数珠つなぎに続いている。タンクはグレー、ブルーまたはグリーンに色分けされ番号順に並び、水漏れ、そしてフクシマの冷却水問題の新聞ネタにされ続けている満水、氾濫が起こるのを、ブロックの仕切りとナイロンのキャンバスで食い止めている。バスは進み、巨大な鉄板の上を走り、揺れながら凸凹の通路を抜ける。座席から見える、無数のパイプ、排水管、ありとあらゆる種類のケーブルが斜面をびっしり覆っていて、壮観である。地中から突き出たパイプは、地面を這い、塀の上を走り、反射鏡だらけの工事現場に応急処置で組んだ支柱や足場に支えられたコンクリート壁の中に消え、くみ上げた汚染水の地下貯水槽に沈められている。計器、タンク、センサーなどと連動して複雑に入り組んだ緻密なエンジニアリングの配管を見ると、原発がまるで点滴治療中で人工呼吸を受けているような印象を受ける。

バスは、東電の案内係の説明によると「極めて汚染が甚だしいので、破棄されている」事務所建屋沿いを走り、右折する。五百メートル先の免震重要棟*の前に新設の駐車場がある。免震重要棟は敷地内の中心に建てられた地下二階、地上二階の原発統括指揮本部だ。入口で靴カバーを脱いで大きな屑入れに捨てるよう指示される。東電の連絡担当者はよく働く。非常に有能で、安全基準、ミスの防止、指差確認を怠らない。質問に答え、万全の体制が整っており、何の心配もありませんと執拗に繰り返す。「発電所の状況はここ数ヵ月で大いに向上しました」。信頼と忍耐、冷静さと笑顔、訓練は行き届いている。

階段を昇って窓の無い部屋に入ると、重病人面会用の衣類に着替える。原子炉近辺を意味するグラウンド・ゼロのことを重病人と呼ぶ作業員もいる。この日の午後の場合は、原子炉４号機であった。その前にまず、トイレに行かされる。なぜ前もってそんな事をさせるのか、その意味はすぐにわかった。次に、服を脱ぎパンツと長袖シャツだけになる。それから、ソックスを履き線量計を着けたベストを装着し、その上に白いタイベック製のオーバーオールを着る。その次にゴム手袋を着け、手首の肌が外気に触れないように接着テープでオーバーオールの袖口に接着する。テープがゴムにくっついて丸まってしまう。焦る。何度も巻き直さねばならず、人の助けも借り

*免震重要棟：福島第一原発で現場作業を支える重要な拠点となってきた耐震施設。基礎と建物の間に設置した積層ゴムなどの免震装置を備え、地震の強い揺れを大幅に低減する構造。周囲に放射線を遮る巨大コンクリート壁を設置。支援無しで約三百人が一週間対応できる食料や専用電源設備、放射線管理設備なども備える。九電は川内原発再稼働前に免震棟を計画していたが、その後新たな耐震支援棟に置き換えることにした。これを規制委が「理由が不明確」と批判したが九電は方針を変えていない。

る。くるぶしが露わになるのにも注意しなければならない。オーバーオールの長いジッパーを閉める前に、熱中症対策として氷を二かけら背中に滑り込ませるようすすめられる。言う通りにする。気温は二八℃程度だったが、七月の午後はむし暑い。日本のこの地域では、夏の気温が四〇℃を超えることも多い。作業員たちが、汗をかいて水も飲めずにこの暑さを我慢するのは考えただけでもぞっとする試練だ。これについては、東電は原発の入口にレモン色の大きな幟を立てて(「熱中症に注意」と書いた)予防を呼びかけていた。桐島瞬がそれを見ている。彼はジャーナリストで、二〇一二年四月から九月まで作業員を装って原発に潜り込んだ。彼は、中の温度が四五℃もあるオーバーオールを着て「木の根や雑草で穴が開き、放射能汚染された四キロメートルのパイプ」を取り替えるという「耐え難い」作業をした日のことを憶えている。この年の夏、彼は二名の作業員が心臓麻痺と熱中症で亡くなったのを見た。大阪府郊外にある阪南中央病院*の村田三郎医師は、フクシマの被ばく患者の一人のペニスがどのように汚染したかを話してくれた。オーバーオールの中で放尿したくなかった作業員は、外気の中で用を足し、局部に触れた手袋から被ばくしたのだった。自然の欲求に備えて、オーバーオールの下に老人用紙おむつを着用するのを厭わない作業員もいる。原則として、つなぎを着た労働者は着替えや用足しのために所定の場所に戻って別の作業衣に着替え、再び持ち場に戻ることになっている。終わった事なので、詳細はわからない。暑さ、軽率な行動、ストレスが、このような環境の下では深刻な結果をもたらす。だからこそ、安全のダブルチェックが求められるのであるが、私たちのような特別扱いの見学者と、絶え間なく放射能の危険にさらされている作業員の状況とを一緒にしてはならない。

今度は紙製のキャップを被る。次いで、顔全体をすっぽり包む空気ろ過マスクをかけ、空気を遮断するよう十分密着させねばならないのだが、あまり強く締めすぎると頭や首の痛みを招く。最後に、すべて外気と遮断するべくオーバーオールのフードを被り、布製の手袋を着用する。後はブーツとヘルメットで完全装備だ。津波の被害と作業の規模をこれから目の当たりにするのかと思うと、ある種の興奮が湧き上がってくる。だがこうして色々着せられると、早くもすべてが耐え難くなり、音は聞き辛くて言葉の意味がよくわからないし、自分の息遣いの音もスキューバダイビングの時のような静謐さとは決定的に異なる。全面マスクのこめかみの辺りが湿気で曇り始め、上の方に水滴ができる。蒸し暑いし、息が詰まりそうな臭さだ。原発の作業員はこれを毎日何時間も何ヵ月も耐えているのだ、と自らに言い聞かせて我慢した。

われら小グループはペンギンのようによたよたとバスに乗る。バスは、海抜三十五メートルの高さの台地を走り、それから海岸に急降下で下る切り立った土手の間を抜ける。左の方に、ひん曲がったくず鉄の山にポンコツ車や錆びたパイプ類が積んである小さな砂利場がある。そして、グラウンド・ゼロと、霊廟のように堅牢な四つの塔が姿を現わした。今私たちの眼前に、二〇一

＊阪南中央病院：大阪府松原市にある民間病院。地域母子医療センターに指定。南河内地域の周産期、母子医療において重要な役割を担う。一九七三年「同和地区の医療機関とし、地域住民の部落差別からの解放を医療分野において推進」（設立趣意書より）する目的で開院された。

一年三月十二日に建屋の上階と屋根を吹き飛ばした強力な爆発が起きて以降、鉄板とセメントに覆われて悪天候から保護されている1号機がある。トーチカのように高く巨大な建物で、想像していたよりもはるかに迫力がある。その先に、見かけは無傷の2号機、そして屋根が吹き飛ばされ、柱が抜けて壁が崩れ、一部分が石棺に包まれている3号機が現われる。右の方には、掘削した土地に垂直に立つ白くて長い建物がある。これが挿入する燃料棒を保管する核燃料プールだ。バスは向かいの4号機の前に停車し、ドアが開く。地上に降り立つ前に、ここでまた新しい靴カバーを着用しなければならない。

午後、鹿島建設の作業員の作業を見学することになっている。彼らは、コンクリートと鉄骨の残骸の下で銃無き兵士よろしく持ち場についている。そのうちの何人かが、4号機の真横のどでかい長方形の鋼材が積んである泥道で懸命に作業している。今日現在、福島第一のこの原子炉施設は、壊れて穴だらけの設備がひん曲がった鉄骨で支えられているといった被災地の観はもうないが、ここまでたっぷり二年間、世界中に冷や汗をかかせてきたのだ。この中に、千五百三十本を超える使用済み核燃料棒がまだ残っているのだ。誤った操作、強すぎる揺れ、あるいは激しい嵐などで設備が破壊されて、大量の放射性物質の放出が誘発されたかもしれなかった。安全装置が作動して、燃料棒が核燃料プールから引き上げられた。この操作はうまくいったのだったが、これも炉心溶融（メルトダウン）が始まっていた原子炉1号機、2号機、3号機のオペレーターの想定内にあったことの表われだ。

手袋をはめ、安全靴を履き、全面マスクをつけ、白いタイベック製のオーバーオールを着た鹿島建設の作業員たちは、放射能を遮断するために作られた分厚いコンクリートの壁を背にしている。すぐ近くで太平洋の波が福島第一の防波堤に打ち寄せる。日本の自然災害の規模や頻度を知る者には、こんなにも海に近いことに驚きを禁じ得ない。十四メートルの高さの津波は、二〇一一年三月十一日、すべてを呑み込んでしまった。それからというもの、原発はまるでデッキがなくなって中身が丸出しになった大型船舶のようになった。放射能に汚染し、地震と連続爆発事故と炉心溶融と浸水とに一気に叩き潰された場所を建て直そうとしている雨ざらしの大工場である。二〇一一年以降、事故現場と港と防波堤を護り、片付け、復旧させるために多くの事がなされてきた。しかし、緊急性をとるか堅実性をとるか、ついてまわるのは常に応急処置か耐久性かの問題である。大きな穴が空いた倉庫棟や、錆びて砕けた瓦礫や、藁くずのようにくしゃくしゃになったパイプ類の横に、新しくて堅牢な建屋が並ぶ……。

午後、この終末的惨状に鹿島建設作業員が登場する、という話は中止になった。三人一組になって赤い穿孔機を操り、4号機の南側に深さ三十三メートルの穴を掘る。そしてすべて予定通り行けば、作業員は泥と砂利の中に入って、地下を最低零下三十℃に凍結するための冷却剤注入用のパイプを挿入する、という凍土遮水壁計画だった。*作業員の任務は苛酷だ。放射線量が時に一日二・一六ミリシーベルトに達する（放射線業務における許可された年間線量限度の十倍以上）というこの恐るべき環境下で「作業員は、交代時間まで最大三時間現場にいます」と、全面マスクの奥で鹿島建設の幹部の一人、浅村忠文（凍土遮水壁工事事務所長＝訳者注）は説明する。彼は何度も繰り返す。「それと同時に、作業員の疲労にも非常に気をつけなければなりません」。ここでも熱中症が怖い。掘削作業はしたがって十七時三十分開始の夜間作業となる。

東電と鹿島建設は、原子炉1号機から4号機までの地下の凍結を一・五キロ周囲内の広い範囲で実施すると明言する。冷却管で土を凍らせて氷の管を形成し、それを連結させて水をせき止め、地下にできた巨大な氷原に放射性物質を閉じ込める、というものだ。氷の壁は、少なくとも二〇二〇年まで機能すると言う。建屋と巨大な鉄骨の陰の現場のぬかるみを歩きながら思う。原発をめぐるこうした技術的試みと工夫が最低三十年は続くのだ。三十年もの間、作業員は解体と撤去と汚染除去以外には何も生産することなく、取り壊し続ける。哀しい未来だ。そんな現場に誰が来る？　また雨が落ちてきた。たまたまだったが、防水メモ帳を買っておいてよかった。この紙は、インクは定着できるが雨水ははじく。よくぞこんな技術を開発してくれた。お陰で取材が可能だ。メモをとり、作業を描写し、文章で写真のような再現を試みる。カメラマンは一人しか入れず、私はカメラの持ち込みを許可されなかった。東電が報道陣に許可したのは、メモ帳と鉛筆一本だけだった。許可をもらった報道カメラマンも何を撮るかは制限され、撮ってはならないアングルや被写体がある。ある雑誌社が私に提案したのだが、スパイ用の小型カメラで隠し撮りする手もあった。だが、おそらくイチエフの入口の検問を通過することはできなかっただろう。雨がますます激しくなる。

出発の時間だ。また靴カバーを脱いでからバスに乗り込む。行動がほとんど反射的になっている。全面マスクは綿雲のように曇り、周辺部ははっきり見えない。バスはバックして、免震重要棟の本部に戻る。到着すると、手袋、靴、オーバーオール、ソックスをそれぞれ分けて大きな屑かごに捨てる。これは、固めてストックしてから燃やすのである。帽子と全面マスクは清掃担当作業員用に返される。全身の放射能検査をしてからそれぞれの私物が返され、外に出る。この午後は、福島第一原子力発電所所長、小野明*がそつなくグラウンド・ゼロ訪問のアフターサービスをしてくれた。「氷の壁がすべての問題を解決するわけではありません。しかしこれは、汚染水が原発の地下に浸透するのを阻止することによって汚染水と貯水量の量を減らす鍵になる計画です」と彼は明言する。彼は地図や図表を示し、またグラフや数字など随所に蛍光色を使いスクリーンに映す。東電は、大量の数字と膨大なデータを満載した資料をどっさり提供してくれる。あまり細かすぎるとしばしば全体が見えなくなるものだ。過剰は肝心なことを隠し、知らないことには蓋をし、説明している本人までわけがわからなくなってしまうこともよくある。

＊凍土遮水壁計画：原発地下に溜まる放射性汚染水に流れ込む大量の地下水を「氷の壁」で遮断するという東電の計画。しかし、東電と鹿島建設は二〇一六年七月段階で、様々な要因から「壁の完全凍結は不可能」と報告し、この計画は事実上失敗している。

＊小野明（おの・あきら）：一九五九年山梨県出身。東京大学工学部原子力工学科卒業。一九八三年東電入社。最初の配属は２Ｆ。ＩＡＥＡ（在ウィーン）出向や１Ｆの保全部門を経て、１Ｆ運転管理部長。発災八カ月後の二〇一一年一一月に１Ｆユニット所長一三年六月より執行役員兼１Ｆ所長。１Ｆ、２Ｆ勤務が通算十五年に及ぶエキスパート。

航空写真を見ると、原発内の貯水槽の配置が一目瞭然でわかる。前面に一ダースほどのオレンジ色の点があり、これは地下水が原発基礎部の地下に浸透し、放射性を帯びる前に汲み上げてしまうポンプの配置を示している。四基の原子炉の周りに、予定している氷の輪が赤く示されている。それから、極めて放射性の強い汚染水用の溝がある。白髪混じりでしかめ面の総責任者、小野明は何ヵ月にもわたって原発の汚染水問題の解決に頭を悩ませてきた。毎日、約四百トンの水が原発の基礎地盤に浸透する。それが、使用済み冷却水と混ざる。これは、汲み出して除染し、貯蔵するべき汚染水だ。さらに、原子炉の汚染水四百トンがこれに加わり、太平洋に流れ出る。

きれいに折り目のついた濃紺の作業衣を着た小野明は、さまざまなミスや遅れがあったことを認める。しかし、彼は「状況はここ三年で大きく改善されている。もちろん百パーセント完璧ではないが、状況はコントロールされていると言えると思う。（中略）福島第一が多くの問題を抱えているのはわかっているし、それに対処すべき重要性をわれわれは認識している」と啖呵を切った。ヘラクレスの十二の難業*を担う総責任者は、記者会見を二十分ぐらいの予定でいた。補佐役が、そろそろ時間だと伝える。だが小野明は予定を無視して話を続ける。これも広報のテクニックか？　彼は、いくつかの追加質問に答えながら、午後の作業の詳細を述べる。原子炉、汚染水の扱いなど、手の内を見せる。東北はつねに地震活動が過密な地域であり、地震は大した脅威ではないと言い切る。曰く、「建屋は二〇一一年三月の地震と同じ揺れに耐えられます。私がもっと心配するのは、また津波が襲ってきて冷却プールと炉心に浸水することなのです」。ロイター通信の記者も、作業員の待遇、より正確に危険手当の金額に関して質問した。ここで小野明はつい口を滑らせて白状してしまった。「作業員に直接払われる金額は正確に把握しておりません」。これは、給料の支払いについてのミスを認めたことになる。

小野明は、ありがとうございましたと頭を下げて退席した。私は免震重要棟の本部を出た。外は霧雨だった。空はどんより曇っていて、もう夜が近い。車のヘッドライトの中、薄暗がりを白衣の人影が横切る。靴カバーを履いてバスに戻る。原発の出口に着くと、カバーを脱ぎ、埃取りのために粘着性のマットの上で自分の靴に履き替えねばならない。最終的外部汚染検査で持たされていた放射線量計を返却する。線量計は、〇・〇三ミリシーベルトまたは三十マイクロシーベルトを示している。「東京・ニューヨーク間のフライトでは線量計で〇・〇二ミリシーベルトですから、はるかに少ないですよ」と東電の広報担当の一人、永野雄一が笑顔で解説する。彼は、原発は過剰に歪曲されているけれど、そんな汚染地獄ではありません、と言いたいのだ。出口のロック室の前はラッシュアワーだ。髭もきれいに剃っているし、アイロンがきいた衣服の東電社員や重役のかたわらを、作業員の群れが押し寄せる。着古したジーンズにTシャツ、くたびれた顔、二の腕に刺青の者もいてスニーカー姿で順番を待っている。異なる二つの世界が遭遇し、互

＊ヘラクレスの十二の難業：ギリシャ神話の英雄ヘラクレスが神託を受けてミケナイ王エウリュステウスに命じられた使命。ネメアのライオン、レルネの水蛇ヒュドラと巨大カニ、黄金の角を持つ牝鹿、エリュマントスの大猪、スチュンパロスの怪鳥、クレタの牛、ディオメデスの人食い馬、アマゾンの女王の宝の帯、ゲリュオンの赤い牛、双頭の番犬オルトロスと闘い最後に黄金の林檎を手に入れる。

いに言葉は交わさない。私の存在も、この閉ざされ、コード化された空間に異色さが一つ加わっただけだ。

六ヵ月後に戻ってきた時も、奇妙な共同生活は変わっていなかった。原発内では円筒形のトーテムポールの高い林のように、貯水槽が緑地スペースを徐々に侵食し、立木を押しのけてその数を増していた。双葉町に属する原子炉5号機と6号機――4号機までは大熊町に属する――の方角に百本近くの丸太が積まれ、霜をかぶって寝かされていた。この原発の北側の部分は建屋が少なく空間が多い。少し野生的な小さな自然空間があり、鉄塔が丈の高い竹の密生する斜面に倒れかかっていて、福島第一のもう一つの顔が見られる。真っ直ぐな道路をナンバー無しの乗用車やトラックが走っている。これらは、汚染がひどくて原発の敷地から外に出せない車両ばかりだ。これらの車を必要に応じて使用し修理するため、ガソリンスタンドと修理工場が作られた。これもまた、原発の解体に何十年もかかることの表われだ。左には焼却塔、それから白亜の上部がわずかに張り出した5号機と6号機の建屋がある。その背後に太平洋が見える。埋立地に積んだコンクリート製のテトラポットの山の下は油の海である。以前は破損がひどく手のつけ様がなかった岸壁も今ではすっかり整備されているが、まだ白い巨大な貯水塔が二基、突堤の上に転がっている。一基は真ん中でねじれてしまっているが、これは津波に紙くずの様にくしゃくしゃに丸められたからだ。もう一基は、自身の重みに耐えきれず土台から崩れ、チェスの駒のように軽く二十メートルは飛ばされてしまった。港では大型の艀が新しいタンクの陸揚げ準備中である。東電の広報担当、中山正が説明する。「日立製のこの新型の貯水槽なら漏水の心配がなくなります。なぜなら、一体成型でネジ止めも接合もしていないからです」。彼はまた原子炉1、2、3、4号機の前で一部水に沈んでいる金属製の障壁が、汚染水が海に流出するのを防ぐことになる、と説明する。東電はまた敷地内の放射線量が下がっており、作業員の被ばくの危険性が軽減していると説得したいようだ。電気技師助手二名が見学に同行した。彼らは背後で規則的に線量数値を報告してくる。〈太平洋岸、毎時一・五マイクロシーベルト、丸太の前、五、青色貯水槽沿い高台上、一五・六〉という具合だ。それから、海岸に向かって再び下って行くと、彼らの線量計の数値が坂の途中でパニック状態になったのがわかった。表示カウンターは七五・四を示し、それから9の数字が十個くらい並んだのが見えた。すると助手の一人が計器盤を手で隠した。彼は鳩が豆鉄砲を食らったように目をまん丸くして、同じようにたまげて唖然としている同僚の顔を見た。二人の若手は何を思ったか線量計をあわてて カバンにしまった。おかしな反応をするものだ。次の段階で放射能照射レベルは、われわれが履いていたニッケルシューズも放射能防護効果をふれ込み通りに発揮できる数値まで戻った。東電の広報活動とガラス張り運営には限界があると見た。

夜、いわき市の中心部のカプセルホテルに泊まる。よくある事だが、日本旅館は満員だった。労働者が多すぎる上に、観光地ではないこの地方では部屋数も少ない。仕方がない、カプセルで我慢しよう。実際に泊まってみると、絨毯張りの大きな暗い部屋に並ぶ、けっこう快適で非常に清潔な入れ物であった。うるさい共同部屋で、人の出入りが多くて喧しい夜だろうと想像していたが、労働者ばかりなのに驚くほど静かだった。起きていたければ食堂のそばのコーナーで、マンガを読んだり、酒を飲んだり、夜食を食べたり、ビデオゲームをしたり、喫煙したり、マッサージもしてもらえる。団体客もカップルもほとんどいないし、おたがい知らない人たちばかりで、この物静かさとプライバシーに驚くと同時に、これは何だと思ってしまう。ヘッドフォンを着けて足元の小型テレビを観ている者もいれば、銭湯に行く者もいる。地下フロアには必要な物は何でも揃っている。お湯につかり、石鹸をつけて体をこすり、たっぷりのお湯ですすぐ。中に、肌や頭をごしごし洗っている作業員がいる。これは後できっとひりひり痛くなるにちがいない。肌が赤くなって、所々焼きごてを当ててみたいだ。これは、身体を浄化し、仕事のストレスと放射性物質を洗い流し、汚染を除去するやり方なのか？　私もいつの間にか、彼らの力の入った動作を真似ていた。私は熱い風呂に浸かり、それから冷たい水に入り、カプセルに戻った。眠気が襲ってきて、アンリ・テシエ*のラグーナ・ヴェネータを聴きながら眠った。目が覚めたのは、労働者たちのせいではなく、カプセルが数秒間ぐらぐら揺れた横揺れのせいだった。目覚ましのいらない朝だった。

＊アンリ・テシエ：フランスのジャズ・ベーシスト。一九四五年パリ生まれ。六〇年代にドン・チェリーとのコラボレーションや一九八二年にルイ・スクラヴィスらと結成したバンド、トランスアトランティック・カルテットがよく知られている。

第5章　原発の足元で

5. Au chevet de la centrale

「でも何でわかんないのかな？　これが日本の文化なんだよ、犠牲的精神というのが。これが俺たちの生き方なんだ！」　タケシは驚きの入り混じった笑いを残して行ってしまった。私は、彼がなぜ二〇一一年四月に四国の香川県から北に一千キロ以上の先にある、まだ危険だらけだったフクシマまで働きに来たのか尋ねた。するとと彼はわかりきった事のように、本気で驚くのだった。「この地方と国のために役に立ちたかった。原発には特攻隊精神でやってきた。日本のためにほとんど死ぬ覚悟でね。それが普通だろ？」　決してからかっているのではないとばかりに、真剣な眼差しでぽかんとしている私を見つめている。

彼は四十三歳で、長年、飯場から飯場を渡り歩いてきた。独身で子供はいないが、金は要る。「周りには、放射能はヤバいから行くなと言う者もいたし、激励してくれた者もいた。最後は自分で決めた。福島第一の作業員として働くことが誇らしかった」。虚勢を張った言葉ではない。

龍介と私はいわき市でタケシと会った。タケシは仮名だ。彼は、本名は名乗りたくない。つねに原発に出入りしている身なので、素性がわかり「面倒」なことになるのを恐れているのだ。そんな人間ばかりだ。彼は今日の仕事が終わったところで、暇な時間になったので市役所に顔を出したのである。いわき市は人口三十二万六千人。ここに二〇一一年以降数千人もの移住者と労働者が住んでいる。彼は、渡辺博之が一日の仕事が終わった後に開いている夜の集まりにやってきたのだ。渡辺は共産党選出のいわき市市議会議員で、原発作業員の待遇に関心を持つこの地域でも稀有な議員の一人である。「すべてはつながっているんですよ。労働条件が劣悪なままだと作業員の労働意欲に影響し、地域はいつまで経っても復興できないし、原発事故と訣別できません」。腰にポシェット姿の市会議員は、はっきりものを言う。「今の国のやり方を黙って見すごすことはできません。何とか大惨事を避けられなかったのかと思うと残念でなりません」。渡辺は失われた過去を取り戻し、彼なりのやり方で「原発作業員という、使い捨て扱いされた労働力」に対する無関心と軽蔑に歯向かう。この共産主義的闘士の気概を持った男は、定期的にＪビレッジを訪れ、果物や全国から届けられた贈り物を持参する。「私は作業員のためにやっているのです。作業員には当然、東電の社員も含まれています。これは、経営者が起こした問題であって、決して彼らの責任ではないのです」。

いつでも好きな時に、時に夜遅くなっても、多忙な議員の元に人が来ては、彼を囲んでお茶を飲む。書類と本が山積みになり、安倍首相の風刺画も飾ってある彼の事務所は、いわき市役所の窓の無い廊下の奥にある。体の芯まで冷え込む二月のある月曜日、彼の事務所で暖かいもてなしを受け、気持ち良くくつろいでいた。そこで渡辺は、ぜひタケシを紹介したいと言ってくれたのだった。そのタケシは、擦り切れたつなぎにフード付きスエットシャツを着て、コンバースを履いてやって来た。がっしりした太り気味の労働者で、腕は太く短く、東北の被災現場で働いてもう四年だと言う。タケシは明るく開放的で、教室の後ろで動き回るやんちゃな学童のようだった。

タケシが二〇一一年四月にやってきた時、原発の状況についてあまり予備知識はなかった。「すごかったね。原子炉周辺の地面も土手も、瓦礫、瓦、壁、鉄骨、コンクリ、工具、梁などの破片だらけだった。ガラスは全部割れていたし、建屋の外壁は亀裂が入っていた。それまでいろんな建築現場を見てきたけれど、あんなのは見たことがない。揺れがあるたびに（強度の余震は三月十一日以後多発している＝筆者注）、また津波が来るのが怖かった。そう、命の危険と隣り合わせで働くのは怖いよ。それでも、誇らしかった」。

最初の二ヵ月、彼は怒濤の津波に徹底的に破壊された堤防を固めなおすために、十数個の黒い袋に砂を詰める作業を担当した。次に、二〇一一年三月十二日の一回目の水素ガス爆発で、建物の上部が全部吹き飛ばされた原子炉1号機の建屋の周囲に放射性の埃を定着させる目的で、緑色の樹脂を地表と風が当たるオープンスペースに吹き付ける仕事を担当した。彼は、少なくとも二ヵ月間で一三・九三ミリシーベルト、年間被ばく量上限の二十ミリシーベルトに近い線量を浴びた。四年が経過して、会社と現場こそ変えたものの、彼はまだ原発の足元から動かない。二〇一四年の十月から、彼は「東電の主要下請け会社の一つで、給料もよく従業員を優遇する優良企業」の倉庫で除染と清掃の仕事をしている。彼は椅子に腰掛け、お腹の前で指をからませ、たとえ放射能の照射量が軽減しても「非常にストレスの強い仕事」の話を続ける。彼は、最初の選択が間違ってはいなかったと考えている。「この数年間、福島第一で働いてきたことが原因で病気になったとしても、それが自分の人生だと思う。所詮俺は一人ぼっちだしね」。いま四十七歳のタケシは、原発で働く彼の同僚の何人かが口にするような「使い捨て労働者」とは自分を見ていない。だが、自分のことを二〇一一年以後の巨大原子力メカノ工場*で使われる「一つの道具にすぎない」と見なしている。この意味するところはあながち無視できない。諦観を排しているのだ。自分には建設分野での経験に培われ、身に着けたものがある。そこに自分の役割が存在する、と感じているのだ。

これはもちろん、三月十一日以後の二週間に発生した超緊急事態、また日本の大部分が陥った茫然自失状態の中で作業するのとは話が違う。当時の首相、菅直人は4号機の使用済み燃料プールの深刻な状況に根ざして、大東京とその住民三千五百万人の避難計画を準備していた。この時、放射性物質の漏洩と爆発事故で、電気も無く、制御不能になり麻痺していた原発にとどまっていた「フクシマの五十人*」は命を賭して日本を救おうとしていた。実際には、彼らの数は数百人に及んだ。彼ら技術者や特殊作業担当者の行動はチェルノブイリの「リグビダートル*」になぞらえ

＊原子力メカノ工場：事故以後の原発の解体作業などを、金属部品をボルトとナットで組み立てて遊ぶメカノ玩具になぞらえた表現。

＊フクシマの五十人：原子炉1号機の水素爆発、4号機の爆発、火災など爆発事故が連続発生し、放射性物質が飛散した可能性があるため、三月十五日、原発の人員約七百五十人が避難したが、約五十人がとどまった。これを海外メディアが「フクシマの五十人（フクシマ・フィフティ）」と呼び始めた。その後、新たな人員が加わり総勢五百八十人の体制になった。東電は氏名、役職等「フクシマの五十人」に関する情報開示を一切拒絶している。

＊リクビダートル：一九八六年四月二十六日のチェルノブイリ原発事故の処理作業に従事した人々。清算人という意味で、清掃人、事故処理班、解体作業者、決死隊等と訳される。総数は六十〜八十万人、そのうち作業にあたった約二十万人が事故後二年間に強く被ばくしたとされる。事故処理作業時の平均年齢は約三十五歳。その間の死亡は四九九五件（七・六％）で地元一般住民に比べて結腸癌や膀胱癌、甲状腺癌が過剰に発生している。

られた。日本では、彼らのことを表現するのにしばしば「サムライ」という言葉が用いられた。確かに東電の幹部の一人、吉澤厚文（福島第一原発ユニット所長＝訳者注）は二〇一三年の数少ないインタビューにおいて、「全てを投げ打って犠牲になる特攻隊員」の境地であったと認めている。これは明瞭な事実である。

これはもう終わった事であり、タケシも「フクシマの五十人」の一人ではない。しかし、この「サムライ」たちの行動が精神を奮い立たせ、人と人とを結びつけ、一地方のみならず一国を救うために自らを捧げる一つの犠牲的運命共同体の形成に寄与したことを疑う者はいない。サニーは、大災害の真只中でのこの数ヵ月を思い出し、「いい雰囲気」だったと言う。私は「いい雰囲気」という言葉を聞いて一瞬驚いたが、彼の話を聞くうちに、この時の団結精神がどれだけ彼に影響を与えたかが理解できた。それと同時に、彼はこの任務に打ち込みたいと思い、以後決してやめることはなかった。サニーは福島第一から六キロのところにある富岡町の自宅に住む。サニーも、広野で出会ったショウタと同じように土地っ子で、「自分の町のイメージを良くしたいから、原発で働く。自分は生まれ故郷を捨てない」と自らに言い聞かせている。サニーもショウタも、原発に多大に貢献した何千もの東北人作業員の一員である。

九月のある朝、彼の家と仕事があるいわき市のキッチュなカラオケ店の一隅でサニーと会った。Jポップのカラオケがうるさいから、ぼくが何を話しているか誰にもわからないので安心だ、と言う。次から次へと画面に流れるビデオクリップに合わせて振り付け入りで踊るカワイ子ちゃんたちの喘ぎ声みたいな歌を二時間ほど聴かされた。サニーも、本名も仕事先の会社名も言わない。彼は情緒不安定で、一人苦しんでいる。正体が暴露されるのに怯え、発する一言ひとことをチェックし、時に被害妄想とも言えるような用心深さである。正体がわかるのを恐れるのは何も彼だけではないだろう。彼は十年間、東芝の下請け会社の特殊作業担当者として働いた。彼が担当したのは「原子炉設備のメンテナンスと保守管理」で、主に福島第一と第二の原子炉だった。二〇一一年の三月半ば、上司に呼び出された。彼は即刻受け入れた。「上司に行けと言われたら、はいと言います」。軍隊式の至上命令ではないとはいえ、これがどんなものだったかは明らかだ。もしフランスで同じ状況におかれたとしたら、民間人あるいは労働者は同じ形で同じように服従するだろうか、私は自問せざるを得なかった。

タケシのように、サニーも「敷地内や古くて壊れた建屋に大量の放射性瓦礫が散乱した」惨状を目撃している。八月まで、彼の日課は「六時間労働の長い一日」で、「もちろん大して長くないようだが、放射能にさらされていなければの話だ」。休憩時間でさえきついものだった。彼は同僚の作業員と一緒に、「グランド・ゼロ」から海沿いの道を徒歩で、ゆっくり休憩できる高台まで行かねばならなかった。この道は非常に強く汚染されていた。「移動用のバスもなかった」。サニーは、訓練を受け経験もある原発技術者が混乱の只中で、いかに従来の仕事の習慣を放棄せざるを得なかったか話してくれた。「一晩経つと、もう普段なら禁止されていたことをやらされる。それが任務だ」。大げさではない。八月、彼は外部被ばく線量上限二〇シーベルトを超え、原発から出て事務職生活を始めた。
放射能の雲に追われていった何千人もの住民のように、なぜその時ここを出て行かなかったのか？　二〇一一年三月以来、友だちも仕事仲間も家族も離散してしまったのに、なぜ新しい生活を始めようとしないのか？　子供の頃から、浜辺に行ったり散歩したり遊びまわった土地や海や森や畑が汚染されたことをどう受け入れよというのか？　サニーは残ることを選んだ。彼はおどおどした目つきで、個人的な話となると口数が減る。彼は、家族や何人かの友だちがいるこの生まれ故郷で生きていきたいと思っている。犠牲となって生きるのではなく、自分の関わり方として、生きる者の務めとして生きる。会社は彼をいわき市に呼び戻し、リクルートの手伝いをさせている。彼はまた、近隣の村落の除染作業地を管理している。少なくとも四十年はかかる果てしのない原発解体作業を継続したいと思っている。

白髭幸雄が、その超人的仕事をやり遂げるのはいつになるかわからない。だが彼はおそらく、「状況を改善するために」と控えめに言うように、彼の基準に従えば全てやり切るにちがいない。それは、彼が二〇一一年に引き受けた任務のことである。この六十五歳になる京都生まれの特殊技術者に会うたび、私はその穏やかさと優しさに、また時に虚無的な遠い眼差しの奥に潜む沈黙に驚かされる。福島第一の北三十キロにある南相馬の仮設住宅地区で、白髪混じりの短髪と引き締まった顔、縁細の眼鏡をかけた短身痩躯の人物が木造のプレハブ住宅のドアを開けてくれる。

福島県の相当数の自治体と同じく、南相馬市も二〇一一年三月に三重苦を味わった。まず長く破壊的な揺れが続き、それから狂奔する黒い津波が襲来し、海岸線を丸呑みにし、四百四十七人の命を奪い、町は放射能の雲に覆われた。白髭幸雄は放射能から逃れるために移転を余儀なくされた。狭い玄関、ミニキッチンと短い廊下、トイレ、居間兼寝室だけの仮設住宅にこの多忙な独り者は住む。彼は家族をおいて戻ってきた。窓際に、小型の机、それに宗教関係とチェルノブイリの放射能に関する書物が並ぶ本棚がある。その間に仏壇がある。床も壁も棚もベッドも木製で、うっすらと樹脂の香りが漂い、七月の大西洋岸の松林を思い出す。

午後も暮れかかり、白髭幸雄の一日も終わろうとしている。彼は電話で、従業員と翌日の打ち合わせをする。黒のTシャツに綿パンをはいて、居間の畳に座る。前には、散らかったメモや用紙、分厚い契約書類の束など。彼が原子力問題と取り組んできた長い経歴をざっと紹介しよう。白髭幸雄は三十六年間、原発とともに歩んできた。彼は一九七九年に福島第一原子力発電所での除染活動を始めた。日本の原発メンテナンスの専門会社の一つ（株）アトックスという下請け企業の社員として、主に厚いコンクリート製の原子炉格納容器に挿入する大きな鋼鉄製の燃料被覆管に燃料棒を入れる作業の監督を務めた。そして、圧力抑制プール、給水管、その他放射能を帯びた全装置の清掃も担当した。震災があった二〇一一年三月十一日、会社を変えていた彼は三十人ほどの清掃係を使ってそれまで通りの部署で作業中であった。現場の上階で作業していた彼は、すぐには災害の大きさに気がつかなかった。「十人ほどの作業員が海岸から逃げてくるのが見えました。津波のニュースが入ってからは、家族や家のことを心配してうちに帰った者もいました。私も残る必要がなかったので帰りました」。南相馬に着くのに二時間を要した。6号線は水と泥に浸かっていた。それから三日間、電気はなく、電話も使えず、原発の様子もわからない日が続いた。彼は取るものも取りあえず、甚大な被害を受けた地元の町の最初の救助活動に加わった。三月十四日午前十一時、3号機建屋が爆発した時、彼はこの土地を離れる決心をした。彼は、妻と義理の両親を連れて南に三百二十キロ離れた千葉県に移った。

十二日後、上司が現場に戻るように頼んできた時、彼は躊躇なくわかりましたと答え、一人で戻って行った。「状況を良くするために自分も何かできると思いました。この時、仕事を辞めようとはまったく思いませんでした。全然です」。三月二十九日、彼はJビレッジの元の部署に戻っていた。手袋、作業服、ヘルメットの配給、前線に送られる作業員を助け、アドバイスを与えること。三週間後、彼は免震重要棟への出入りを管理し、敷地内の作業員と車両の防護を監督するために原発内に戻った。白髭幸雄は振り返る。「1号機の近くでは一〇〇ミリシーベルト（年間＝訳者注）の水準まで上がっていた中で作業していました。瓦礫は、大体どこでも強い汚染が測定されました」。強い放射線を浴びる恐さ、このような脅威を感じながら長期間のあいだ働くとはどういうことなのだろう？

白髭幸雄は、日付入りの正確なリポートに休止の期間を記している。こんな時に、人はものが見えなくなり、言葉を失う。このきわめて仕事熱心な管理職は、四年前から一風変わった生き方を始め、生活まで変貌してしまったのだが、それは大災害で生じた大きな混沌だけが原因ではない。彼は、働くことにこそ最も大切な価値があり、それが信仰にさえなってきた世代に属する日本人だ。一つのグループ、一つの集団の一員であることによって存在し定義される社会、言われなくても責任は自ら率先して果たす、そんな世代である。緊急事態で日常的な仕事がめちゃくちゃになったことなどは白髭幸雄にすればどうでもいいことだ。そうではなく、この変化はもっと深いもので、一つのきっかけのような、以前と以後の間にある明瞭な段差なのだ。それは過去への容赦なき回帰であり、三十六年間続けてきた仕事に良心に恥じるところはなかったのかを、彼に問いかけてきたのだ。南相馬のこの午後、白髭幸雄は人生のバックミラーを覗いていたような長い沈黙の後、話し始めた。

「三十五年間、福島第一原発で働いていた間、家族や友だちや仲間にいつも言ってきました。事故は、気をつけてさえいれば起きる恐れはない、とね。しかし、現在のような事態をもたらす原因になった事故は、人間が犯した過ちが原因で起きたのです。これには深く考えさせられました。最初、人間が自然にしっぺ返しされたと思いましたね。そして、この年月、原子力エネルギーを擁護するために自分がしてきたこと、言ってきたことについて考えました。あれは間違いだった。事故以来、生き方を変えるべきだと悟りました。この命が尽きる日まで、この状況を変えるために私は何でもするつもりです。先ほどあなたは、原発に出入りしていて怖くありませんか、と私に尋ねられましたね。私は被ばく線量が心配です。幸い二〇一一年の春よりは下がっています。それは事実です。しかし、こんな恐怖など私にとっては大した問題ではありません。私はあそこで起きたことに責任を感じており、原発を解体し、原子力発電を止めるために力を尽くそうと思っています。妻は続けろと励ましてくれます。この義務を全うするために、会社が私を必要とする限り私は働き続けます」。

白髭幸雄は、途中プレハブ住宅を軽くきしませた横揺れに数秒間中断しただけで、途切れなくゆっくりと話した。多くの人間が口をつぐんでいる中で、彼はなぜ打ち明けてくれるのだろうか？「こんなことが繰り返されないために、原発で起こっていることをみんなに知ってもらった方がいいと思うのです」。今の世の中、人はあまり発言しないし、ましてやこの不透明で秘密だらけの原子力業界で何かを始めるのは大変なことだ。彼は痛切な「悔恨」へと昇りつめてしまったのだ。これはおそらく、この年老いた労働者にとって自分自身との折り合いをつけるチャンスなのだ。

この日、白髭幸雄の中に彼自身も認めるところの、ある種の「贖罪」にも似た一つの「こだわり」を見た。私は、南相馬のつましい仮設住宅の部屋の中心に仏壇が大切に置かれ、本棚に並べてある経本を改めて見る。しかし、聡明で、時に人前でも瞑想するこの人物は、「仕事と信仰を直結させない」よう気をつける。彼は、文化的にも政治的にも非常に影響力を持ち、大衆の間に広く根を張る仏教の宗派、創価学会の信者である。日本中に数百万の熱心な信者を擁するこの宗派は国内第三党で、安倍晋三の自民党のほぼ不可欠な連立政党、公明党をバックに持つ。

彼は自分の信仰を引き合いに出しはしないが、よく「法華経が説く利他の心と、いのちの教え」の話をする。釈迦の没後に編纂されたとされている二十八品からなるこの教本は、叡智と悟りを会得するために拠りどころとすべき最も偉大な教えとされてきた。法華経は、命の神聖さを説き、同時に他人と社会への積極的な関わりを強く勧めている。「いのちの教え」は自然の混沌と原子力の害毒に対峙する。瞑想は約束の形をとった教えである。

それからの毎日、白髭幸雄は関わり続ける。最近数ヵ月はとてつもないテンポで契約を増やし、簡単な仕事も面倒な仕事も受ける。彼の毎日は、仕事と家との往復を繰り返す振り子の生活だ。彼は、長い一日を段取りし、十数人ひと組の作業員を率い、若い者を除染と清掃作業に振り向ける。彼の妻は、仕事を見つけた三十一歳になる長男とともに千葉に残っている。多分、実家の除染が終われば家族も戻ってくるだろう。白髭幸雄は、答えが見つかっているようには見えないし、そんなことを考えているそぶりは見せない。

この人物もこの地方の出身者ではないが、二〇一一年以来ほとんどの時間をいわき市と福島市の間で過ごしている。その人、北島三郎は労働者活動家で、現に活動中と言える。六八年世代で毛沢東主義左翼労働者なら、「馬から下りて花を摘め」つまり、インテリゲンチャを農村や工場に送り出しなさい、と部下に奨励した毛沢東にご登場願うところだ。安倍晋三政権下の日本は、文化大革命の時代ではもちろんないが、北島に言わせれば、人は原発解体の現実に関わり、それを担うべきなのである。「ぼくは反原発の活動家で、原発閉鎖のために現場に身を置き労働者の手助けをしたいし、東京の活動家たちのように汚い仕事は他人や地元の人間に押し付け、原子力の批判だけで涼しい顔をしているなんてできない」と彼は東京で初めて会った時に言った。

彼が今住んでいる東北に戻る前のことだった。彼とは四ツ谷駅ビル内の、お洒落な有閑マダムや上智大学の教授たちの行きつけの、大きなフランス語の店名のカフェで会った。シックで澄ました客層の中で彼はすぐ見分けがついた。二十年ほど前は大学の社会学部の学生だったこの男は、痩せていて爪には噛んだあとがある。彼は二〇一一年と二〇一二年に東電の原発二ヵ所で働き、放射能測定と除染作業に携わった。しかし彼は二〇一二年三月にアメリカの活動家に招かれてニューヨークに行った際、現地のマスコミに福島第一の話をしたのが間違いだった。帰国するとすぐに彼は解雇された。彼は福島県内の汚染した市町村で開始された除染現場にあちこち赴き、作業員の労働条件や日本の巨大企業の下請け会社のやり方を取材した。彼はいわき市郊外の古びたプレハブ事務所にある自由労組なる地域組合でその経験知を生かしている。初対面で人見知りするのか、彼は落ち着かない。時々顔をチックさせ、手を首や胸にまわしたり、脇に腕を入れたりしている。

縁細の眼鏡の奥に黒い目を光らせる北島三郎は、イチエフの労働者の一群の中では一風変わっているし、正体不明の労働者である。学生あがりという経歴と活動歴が彼を変わり者に見せている。ＢＭＷを乗り回し、間違いなく中古車だがきれいに手入れしてあり、最新型のアイフォンをいじくる。ある晩いわき市で会った時など、ヘンリー・パーセル*のファンタジアを聴きながら車を飛ばしていたし、エリック・サティ*の音楽が大好きだと言う。平凡な表現だが、北島三郎は労働者のイメージにはそぐわない。家族では唯一の反原発主義を貫き、しかも原発で働いていると いう矛盾した生き方も、周りの批判など気にしないところもそうだ。恋人は、彼が原発で働くと言ったら去って行った。彼はこの事をさりげなく話し、それ以外何も言わない。それが事実だ、以上終わり、というわけだ。

二〇一一年、四十五歳で東京での生活を一切棄てて、首都の労働者戦線の世界とはかけ離れた東北地方に潜り込んだ。活動を開始して以降、彼は職業訓練を受けて溶接技師をめざしている。白髭幸雄と同じように、彼は「ここで働き、他所で生きようとは思わない」。彼は「原発労働者と

＊ヘンリー・パーセル：（Henry Purcell 一六五九〜一六九五）バロック時代のイングランドの作曲家。最も優秀なイギリス人の作曲家の一人でイタリアやフランスの影響を受けつつ独自の音楽を生み出した。バロック期のオペラの最高傑作とされる『ディドとエネアス』や『アーサー王』、『妖精の女王』、『アブデラザール』などがある。三十六歳の若さで亡くなり、亡骸はウェストミンスター寺院に眠る。

＊エリック・サティ（Erik Satie 一八六六〜一九二五）：フランスの作曲家。シュールレアリスム、ミニマリスム、反復音楽、不条理音楽などと様々に解釈される。デュシャンやマン・レイ、アンドレ・ブルトンらと触れ合い、前衛芸術との融合を模索し、多くの芸術家、音楽家に影響を与えた。『ヴェクサシオン』、『アルモニー』、『干からびた胎児』などのピアノ曲、歌曲、管弦楽、舞台音楽など多作であった。飲酒がたたり（特にアブサンの飲み過ぎ）、パリ郊外アルカイユの病院で亡くなった。

ここの住民のそばに戻るために原発に戻ってきた」。原発周辺の町村の除染作業はまだ多くの時間がかかる。そこで彼は、二〇一二年から二〇一四年までやったように、福島県の道路沿いで除染の仕事を再開しようと考えている。「それがベストではない、それはそうだ。でも現実を直視しないと。でなきゃ誰がやってくれますか？」

私が出会った人物たちは、犠牲になるのではなくて、現状に対応し、原発の解体に献身することを選択している。だが私は、集団の及ぼす力がいかに強いかを思い知った。日本では、集団が個人を凌駕する。この点はまったく旧態依然である。アンドレ・レノレ*は、底辺から見た日本社会論の著作で、この「組織への帰属意識」を見事に描いている。一九七〇年から一九九〇年まで東京に住んだこの労働者司祭は、ゼネコンの下請け会社での就労体験を詳細に書いた。彼の日記を読むと、私が出会った原発労働者の日常を思い出す。そこには、服従、上下関係の尊重、義務感、隷属といったものに類似した空気が支配している。犠牲的精神は「共同体のためには自分を捨てる」意識として意味がある、とレノレは二十年前に書いている。「彼らは、ストライキをしても目立たないようにするし、あからさまに反対しない」。彼はその証言録を『出る杭は打たれる』と題した。このタイトルは、日本ではとてもよく使われる諺に依ったものだ。釘の頭が出ているなら、叩く。他人と違うことをする者、列からはみ出す者、要するに神聖なる調和の精神、ニッポン人の金科玉条「みんな一緒」を乱す者は叩かれる、のである。私は、あまりにもよく使われるこの諺は言葉の上だけだと思っていたが、「使い捨て人間」のリサーチをする過程で、この言葉を何度も耳にした。相模女子大学の労働法専任講師で東ゼン労組*の委員長、奥貫妃文は大学の講義でも、ジャパン・タイムスの連載記事でも、よくこの事に言及している。ある晩、神楽坂駅近くの、彼女の小さな事務所を訪問した。スチーム暖房の効いた部屋でコーヒーをすすりながら、彼女は「集団の恐るべき力」と「原発で働く者にとってノーと声を上げることはほぼ不可能である。なぜならば、拒絶すれば会社を辞めなければならないからである。仕事を失くし、特に会社そのものまで仕事場を失い、契約を打ち切られ、仲間たちも仕事を失くすことになる」との説を述べる。だから、彼らは黙る。そして我慢するのだ。

私はこの日、この業界の人たちがなぜ何も言わないのかが理解できた。何百万人もの労働者を抱える家族の次に大切な、否、いざという緊急時には家族よりも大切な会社の力、階層社会の重

＊アンドレ・レノレ：フランス人労働司祭。一九六三年に司祭となり、六八年の五月闘争に参加、神父組合『交流と対話』の活動家として神父の労働や結婚の権利を求めた。一九七〇年から二十年間日本に滞在して労働組合運動と関わった。鎌田慧著『自動車絶望工場』を仏語に翻訳、自身の体験から『出る杭は打たれる――フランス人労働司祭の日本人論』（岩波書店、二〇〇二年）を著わした。

＊東ゼン：全国一般東京ゼネラルユニオンの略称。日本初の外国籍の代表者による多民族、多国籍合同労組。城南中小合同労働組合の外国人分科会を母体にL・カーレット、D・アシュトン、A・ドーランらが二〇一〇年に結成した。ジャパン・タイムス、リンガフォン、サイマル・アカデミーなど十八支部を有し、産業の種類を問わず組織化を進める。現執行委員長は奥貫妃文。

圧がよくわかった。こうした会社はまた、従業員に向けて秘密厳守の厳しい規則を定め、遵守させてきた。社員は会社の現状に関する情報（秘密ではない）を外部に洩らしてはならない。私が会った人たちは皆、自分は話す権限を持たない、それは雇用契約で明確に禁止されていると言った。会社に迷惑をかけてはいけないのだ。労働者にとってはプレッシャーであり、恐い約束事である。私も妥協しよう。ずば抜けた勇気を持ち合わせていないのなら、関係者のお偉いさんの後押しか、弁護士か学者か友人のコネに頼ろう。そうでもしなければ、とても彼らに会えそうにない。

数日後、私は大阪府下松原市にある阪南中央病院の医師、村田三郎を訪ねた。彼は、四十五年にわたり原爆被害者と、一九五〇年代から六〇年代にかけて九州で起きた、水銀汚染による公害病である水俣病の患者の治療にあたってきた。現実的な危険と向かい合い、集団のプレッシャーにもめげずに、一労働者が一兵卒のような服従を拒み、罷業の権利を行使することができますか？　村田医師はこの問いに答える前に、この質問は答えるに値しないとでも言いたげな薄笑いを浮かべた。これは何も彼だけに限った反応ではない。この権利の存在は知ってはいても、それを実際に適用したのを知る人はわずかしかいない。人にこんな話をすると、びっくりするか、日本でそんなことが実際にあるなんて有り得ないと決めてかかる。「そのような選択肢をとった人には会ったことはないですね」と真っ白な上着姿の医師は言う。「この権利を行使したら、逃げたとか卑怯だとか言われるのです。原発から去っていった人もいるし、辞めるのを選んだ人もいます。しかし、残った人に支配的なのは犠牲的精神です。集団的見地からすれば、その方が美しいし、尊く思われます。家族を守るために去っていくのは、逃亡なのです。そして、個人的レベルで言えば、生活のために原発で働くしかない者もいるのです」。

だが原発労働者の中にも過去、この権利を主張した者がいた。数年来、原発ジプシーについて研究している社会学者のポール・ジョバン*は、森江信の日記*を例に挙げて説明してくれた。この男性は、一九七六年から一九七九年の間、日本の幾つかの原発で、下請け会社の除染作業員として働いた。そして彼は、被ばく線量が一〇ミリシーベルトに近づいた時に、新たな作業に就くのを拒否した。「幸い会社には強制されなかったが、このせいで福島（の仲間）との友好関係が崩れた」と森江信は日記に記している。ポール・ジョバンが「ひどい悪口」というのはこのことだ。現在はどうだろう？

二〇一四年十二月十一日、厚生労働省がJビレッジで、福島第一の作業員の防護に関するシンポジウムを開催した。東電は主催者として当然、国内の主要建設会社の代表者とともに壇上にい

＊ポール・ジョバン：フランスの社会学者。パリ大学ディドロー講師。日本、台湾の環境、公衆衛生、日本の労働運動史が専門。著書に『日本の職業病と組合運動』（二〇〇六年）、『労働の衛生』アニー・テボー‐モニーと共著（二〇一一年）、『アジアにおける民主主義、近代性、キリスト教』ジャン‐フランソワ・サブレと共著（二〇〇九年）、「3・11事故以降の放射線防護」『大原社会問題研究所雑誌』（二〇一三年）など多数。鎌田慧著『自動車絶望工場』の前書きを書いている。

＊森江信の日記：『原子炉被曝日記』（技術と人間、一九七九年）のこと。大学卒業後すぐに福島第一で働いた著者の「日記」で、一九七六年から一九七九年までの間、東電の社員ではない原発労働者の就業実態と労働条件の問題や不合理性を書いた体験記。

た。どれも単調な報告ばかりの退屈な午後の終わり、鹿児島大学大学院教授で癌疫学専門の秋葉澄伯*が発言した。「原発の作業員の方々は、自らが危険だと判断した場合は、就労を拒否することができるのですか?」この質問はこわばった顔に迎えられた。答えは、それを丁重に保証する、型にはまった平凡なものだった。日本流の、木で鼻をくった典型であった。

*秋葉澄伯(あきば・すみのり):鹿児島大学大学院教授。一九五一年生まれ。医学博士。癌疫学専門。札幌医科大学医学部卒業後、同大学大学院修了。八二年(財)放射線影響研究所研究員。疫学部副部長などを歴任後、九二年鹿児島大学医学部教授を経て現職(医歯学総合研究科健康科学専攻人間環境学講座、疫学・予防医学分野)。

第6章　原発ジプシー

6. Les «gitans du nucléaire»

南相馬の田舎で道に迷ってしまった。カーナビは、森沿いの集落地帯に通じる小道を示している。しかし実際には、誰もいない駐車場に大きな空っぽの建物が二棟あるだけで、アスファルト道路はその前で切れている。日も暮れ、外灯もないし人の気配もない。湿った霧に浮かぶヘッドライトの光の輪が森沿いの泥道を照らし、カーナビは何も言わない。まだアップデートしていないからか。五百メートルほど進むと、砕石の砂利を敷いた土地に新しいけれど貧相な小屋が建っていて、ぼんやり灯りが点いている。中から、短身の肥った男性が出てきた。これが約束した人物だ。上地剛立《うえちよしたつ》は現在、除染作業員をしている。彼は小高地区での作業期間中、雇用主であるユナイテッドコア社が借りているこのプレハブに住んでいる。他の多くの同僚と同じく、彼も不審な人物と一緒にいるところは見られたくない。まして、ガイジンなどとんでもない。そんなわけで、彼が車に乗り込むとすぐ出発し、夜間は真っ暗な国道沿いのスーパーの駐車場に車を付けた。県内の無人の小道や、放置されたり、立ち入り禁止になったりしている村々を二日間ぶっ通しで走ってきた疲れに加えて、この夜は七月の雷雨シーズンの暑さと湿気で体がだるかった。

彼は、車のドアを閉めるか閉めないかのうちに喋り出した。上地剛立は、福島第一の機械設備の細部にわたる単純作業を、事細かに機関銃のように立て続けにぶちまける。その悲憤慷慨と、恨みつらみには間違いなく理由がある。この元バス運転手が、二〇一二年、原発にいた間にやらされた仕事に仰天し、作業現場での被ばくの危険性にストレスを引き起こしたことなど、誰も知らない。しかし彼が経験し目撃した事は、この数年間の原発における長期的、慢性的機能不全状態を助長させた機械の故障や漏水の原因の大部分を説明するものだ。

上地剛立にとっては、すべては二〇一二年の春に始まった。ある朝、彼は沖縄のフリーペーパーで求人広告を見つけた。テックという会社が、水槽の建設要員を募集していた。日給一万三千円（百ユーロ）で、危険手当付き、食費、宿泊費無料という条件だった。「これが自分の運命だと思ったね。事故があった原発だから当然仕事があるだろうしね。怖いとは思わなかった。行ったよ」。

彼は妻と四人の子をおいて、就職難の南の果ての島を離れ、福島に向かった。七月二日、「清掃と防護に関する何の職業訓練も受けずに」仕事を始めた、と彼は振り返る。彼はオーバーオールを着せられ、現場で実地に仕事をおぼえた。仲間は、高い線量レベルで強く放射能汚染されている貯水槽にはあまり近づくなと言っていた。この種の事はおおむね、大体の勘で判断していた。天文学的な量で増え続ける汚染水を貯めるためのタンクの製造が急がれていて、現場監督は「焦っていた」。ある日、ナットを締めるべき位置に、きれいに拭き取りもしないで、その部分に至急防水接着剤を塗れと急がされた。その翌日は、一千トンの水を貯めるタンクの鉄板の間に、通常使用すべきパッキンの代わりに並の防水素材を詰めるよう命じられた。ここは、ボルト、ナット専用の防腐剤を使うべきだった。福島第一の現場はよく雨が降る。だから、これはとんでもない話だ。「特急で仕事をした。可及的速やかに、というのが最重要だった。もちろん、仕事の中身はおろそかになる。水漏れするのは目に見えていた。これは到底避けられなかった」

上地剛立は語る。もう止まらない。これでもかこれでもかと、微に入り細をうがってぶちまける。この工事で、彼はどれだけ出鱈目な仕事をさせられたことか。彼はメモ類、郵便物、契約書類などを入れたダンボールを持参してきていた。巨大な貯水タンクが一ヵ月間に二十個近くも林立した。その土台を弱体化させるような節約を、会社があらゆる手を使って行なった付け焼き刃天国の実態を語った。鉄筋コンクリートの鉄材の量は見直され、減らされた。ある朝、彼は貯水槽の上に登らされた。貯水槽の蓋の高さのところに三十センチほどの穴があり、ゴム栓の代わりに接着テープで塞いであった。「汚染水は、穴のすぐ下まで来ていた」。彼と同僚は、テープを剥がしてスチールの円盤を付けた。ボルトを八個付けるべきところを、雨が降れば溢れてこぼれ出る危険性があるにもかかわらず、四個に減らせとも言われた。

工事現場を転々としてきた元バスの運転手は、上司によく談判した。しかし、圧力は強かった。「言いたいことはあまり言えなかった。解雇されるのが怖いからね。口答えする者、批判する者はクビになった」と彼は振り返る。そこで彼は、東電に掛け合った。しかし、この秩序に凝り固まった大組織にとって、はっきり言ってこの作業にどんな意味があるのか。沖縄からやって来た田舎者に、東京電力株式会社からは何の答えもなかった。電力会社はこの件に関する私（著者）の要請にも応じてはくれなかった。被雇用者の状況に抵触する度に、東京電力は個々のケースに言及することは秘密保持の観点からできない、との一点張りで回答を拒んだ。

回答を組織的に回避する。二〇一二年十二月、彼がいた会社に仕事を注文していた元請け会社が新たな発注を貰えなかった時に、上地剛立は原発で働くのをやめ、近くの村での除染作業に転じた。彼は心配が現実になったことを確認した。汚染水漏れが話題になり始めたのである。

桐島瞬も、同じような急ぎによる手抜き工事を目撃している。二〇一二年九月、この東京からやって来た四十男は、破壊された原発敷地内の貯水槽の下ではなくて、彼の場合は敷地内を錯綜して走っているパイプや配管の只中で作業していた。排水システムにも水漏れが連続発生していた。「仲間と六ヵ月間、汚染水のための原子炉冷却システムの送水管を、少なくとも四キロメートル分も交換しなければならなかった」と、福島第一に作業員を装って潜入した冒険家ジャーナリストは語る。「何本かのパイプには木の根が入り込み、雑草が根を張っていた。また、凍結を防ぐためのポリウレタン樹脂がこびりついていた送水管もあったが、そこから漏水していたかどうかははっきりしなかった。手探りの連続だった」。作業は、被ばくし過ぎないように一日三時間で切り上げた。日給は一万円（七十七ユーロ）、つきまとう危険を考えれば、これは端金だ。「強烈な放射能のゾーンにいたので、仕事は早く片付けなければならなかった。四、五メートル間隔で、切ったり、曲げたり、連結部などろくに掃除もできずに繋ぐような大混乱の作業だった。ずさんな工事だった」。つなぎを着て全面マスクを付けていると、日中なら四十五℃にも昇る厳しい夏が終わり、彼も記事を書くために現場を去った。作業はもちろんこれで終わるわけがない。1号機の脇の、腐食して穴が空いたパイプを交換する作業に、二〇一三年の大半を費やした若い作業員のショウタが苦笑しながら私に言ったように、これは「いつまでも続く」。

ショウタ、桐島瞬、上地剛立そしてタケシたちの経験談を聞いて、清掃と除染という仕事で原発にひれ伏してさすらうこれらの名もなき労働者たちは、緊急時に際して原発労働者ファミリーの一員に変貌したのだと合点がいった。鳶職、パイプ職人　碍子職人、ボイラーマンといったメンテナンスの専門家たちは、通常は「定期点検」つまり原子炉停止の際に呼ばれる。たとえ経験知に差があったり作業班が違っていても、彼らは背負わされた責務における不安定さと危険度を共有し、上下関係や日本企業の流儀に従って固く沈黙を守る。大事故が起きてからは、単なる古典的な原発の保守管理の枠内の話ではなくなった。事故のせいで、原発セクターと以前から不透明だった仕事の組織形態の規制緩和が多少進行した。福島の市町村や東京、大阪の郊外を訪ね歩いて私が出会った人たちは今、二〇一一年春の圧倒的混沌からは持ち直しはしたものの、この先どうなるかわからない、とてつもなく苦しい作業に釘付けになっている。というのも、原子炉の炉心で一体何が起こっているのか誰にも正確にはわからないからだ。彼らは将棋の駒、手足に過ぎず、言われたことを実行するしかない。そしてまた、常につきまとうプレッシャー、いじめと恫喝の空気が、自由にものが言えない労働者たちの肩に重くのしかかる。

これらの人たちは、建設業界、清掃業界の手足になる労働力である。多くは原子力とは無縁で、いくばくかのおこぼれに与るために工事現場に流れてきた人たちである。新入りは「原発ジプシー」扱いにされ、原発の定期運転停止を追いかけて原発から原発へと渡り歩く下請け会社の傭兵になる。七〇年代の初頭から、彼らは日本中を渡り歩いてきた。労働法を専門とする奥貫妃文によれば、この時期は大多数が北海道と九州の炭鉱労働者であった。「各原発は当然のごとく、炭鉱の閉鎖で職を失い、他所に職を探さねばならなかったこれらの炭鉱労働者たちを次第に受け入れ始めました」。この労働力人口の宿命を堀江邦夫*が「原発ジプシー」と名付けてから、この名が有名になった。フリージャーナリストの堀江は、一九七九年に数ヵ所の原発で働き、その体験を一冊の本にした。残念ながらこの本はフランス語には訳されていない。この本の存在は社会学者のポール・ジョバンが教えてくれた。彼の日本の労働者の生活と公衆衛生に関する研究で、このテーマに通じている博士は、３Kの仕事に就労しているジプシーたちの労働条件がどんなものかを伝えるためにこの著書が与えた影響を強調している。他に生活手段を持たない者がする仕事は、汚い、きつい、危険の三つである。言いかえれば、堀江邦夫は日本経済の奇跡の裏側を描き、現代性と安全性なる特性を持っているかに見える原子力産業の隠された顔を暴露したのである。このハイテクのショーウインドーと、しばしば手作り大会になる現実とのコントラストにはびっくりさせられるし、ショッキングですらある。

衝撃のドキュメンタリーを再び観た。写真家の樋口健二が一九九五年に撮影した『原発銀座*』

*堀江邦夫：（一九四八〜）コンピューターエンジニアを経て、一九七四年に作家に転向。一九七八年から一年間、美浜、福島、敦賀の各原発で働き、その実態を記録した『原発ジプシー』（現代書館）を発表した。これは一時絶版になっていたが、福島原発事故後に復刻版が出版されている。

だ。彼も、自ら解説しているように「日本の下層部を暴くため、その表面に切り込んだ」。彼は日本の原発労働者、病人、その身内を取材する。戦闘的な彼は、これらのジプシーの生き残りと、ヒロシマ、ナガサキの被害者、ヒバクシャの苦しみとを躊躇することなく結びつける。彼は、カメラを担いで被写体の足跡を追いかける。重苦しい音楽、暗い画面、東京の山谷、大阪の釜ヶ崎など、日雇労務者、出稼ぎ労働者、ホームレス、部落民といった、需要と供給の都合次第でこき使われるルンペン・プロレタリアートがたむろする寄せ場を歩き回る。堀江邦夫も樋口健二も、大企業に奉仕し、多くの場合ヤクザ、暴力団の毒牙にかかる使い捨て労働力の目に見えない有り様を見せる。これらの労務者たちはもちろん二〇一一年、福島第一に働きにやって来た。汚染された原発は一刻も早く修復されなければならず、前代未聞の数の労働力が必要とされた。数百人の、多くは放射線下で働いた経験など皆無の人たちが、原発解体のすさまじい最前線に送り込まれた。

この現実に初めて向かい合った一人に、いわき自由労組という小さな労働組合の書記長、桂武がいる。彼とはいわき市にある、暗い印象の住宅地の奥まったところの事務所で会った。この労働組合の本部を一目見ただけで、その力量と活動手段に限界があることがよくわかるし、桂武もそれを隠そうとしない。空き地と二軒の大きな建物に挟まれた砂利敷きの駐車場とプレハブの壁との間に三つの小さい事務所スペースがある。「二〇一一年の春あたり、何かおかしいなと感じました」。タバコの箱、そしてスマートフォンやタブレット全盛の昨今では完全に時代遅れになった二つ折り携帯電話を弄びながら、自由労組書記長は四角い眼鏡の奥で語る。「小名浜港の日雇い労務者の一部が津波の後で仕事を失くし、五月に原発での瓦礫の処理の仕事にありつきました。その彼らが七月末に戻ってきた時には、四百ミリシーベルトの線量を浴びていました。当時は、原発労働者の年間被ばく量上限は二百五十ミリシーベルトとされていました。東電は、彼らはそれ以上被ばくしませんと確約していました。そこで、労働条件の改善と原発内での状況を監視しなければならないと考えたのです」。私はこの労働者のうちの誰か一人でも見つけようと探してみたが、仲介者から「彼らは被ばく線量について話したくない」と連絡してきた。

濃紺の作業衣にタバコをくわえた桂武は、昨日や今日この世界に入ってきた若僧ではない。それでも彼は、彼が列挙する諸権利が歪められている事実を受け入れようとはしない。申告されない労働災害、未成年者採用、知的障害者の単純労働向け採用と低賃金、一日労働時間十二時間以上、解雇の恫喝、被ばく手帳の雇用主による没収、社会保険無しの労働者の雇用などなど。彼は数々の違反を挙げるが、言葉に詰まり、憮然とした顔になり、黙り込んでしまう。「採用されても、年間許容量の二十ミリシーベルトのことを喋ったり、線量を超えたと申告してすぐにクビに

＊『原発銀座』：写真家の樋口健二が原発労働者と被ばく症状を取材した一九九五年制作のドキュメンタリー。同年に英国チャンネル4が『Nuclear Ginza』というタイトルで放映した。

＊いわき自由労組：福島県いわき市で、除染作業に従事している労働者のために、政府、地方自治体、電力会社、雇用会社と団体交渉を続けている労働組合。被曝による健康破壊や暴力団の介在、賃金ピンハネなどの被害を受けている原発労働者への支援を続けている。

された者もいます」。この組合活動家は胸を痛める。彼はまた、「私たちと会おうともせず、争議の和解を遅らせたり阻害したりするために強力な弁護士事務所や組合問題の専門家などの代理人を立ててくるカリカリした企業」とも渡り合わねばならない。桂には、あまりカッコはよくないけれど、大海の中の小石とはいえ譲歩はしないぞ、というある種の自負を感じさせられた。

二〇一一年以来の改善点と進捗点、特に放射能照射率と労働時間について見ていけば、作業態勢が「原発の大きな問題」そのものであることが確認できる。なぜなら、東電は当然イチエフ解体の基本作業の施工者ではないからだ。電力会社東京電力は巨大なるピラミッドの頂点から、東芝、鹿島建設、清水建設、大林組に仕事を発注し、彼らもまた数千社もの企業を現場に送り込み、それらの企業も多数の会社に仕事を託す……。人形からまた人形が出てくるマトリョーシカのように、われもわれもと下請けがやって来る。「建設業界は何十年も前からこのように動いてきた。だがフクシマではそれがもう歯止めが効かなくなっている。なぜなら、この状況がどこまで続くかわからないからだ」と桂武は言う。下請け、孫請け、そのまた下請けといった十段階におよぶ業者と仲介業者の存在が確認できたケースもある。このようなやり方は、ポール・ジョバンが書いているように、「日本の原発においては、下請けの利用は七〇年代半ばから大規模化してきており、フランスより十年先行している」（『労働の衛生』」“Santé au travail, la Découverte”）。

フクシマの大事故で、注文に迅速に応えるための中小企業が増加し、そこからこの傾向は助長された。二〇一一年八月、日本の国会で除染作業の巨大プロジェクトのための財政支援法案*が通過した時、不思議なことに法案は既存のゼネコンを統括する基準について言及していない。参画する企業はしたがって、経営管理上は本来不可欠である法人情報も明確にせず、行政当局による検査も受けない。悪質な政治ゴロや仲介業者が、次第に不透明化してジャングルかバザール状態になったピラミッド構造に紛れ込もうと、わずかな隙間から入り込む。「ある下請けなど、私にまで電話をよこして、金は出すから作業員を現場に回してくれないかと平気で頼んできましたよ」と桂武は笑う。東ゼン労組委員長の奥貫妃文も、彼女が常時出入りする新宿福祉事務所に仲介業者やヤミ業者のファックスが送られてくると言う。「事故直後はひっきりなしでしたね。すぐに作業員を原発によこしてくれと言うんです。日給は五万円（三百五十ユーロ）出すと約束するのですが、実際には二万円（百四十ユーロ）。たくさんのホームレスや失業者の人たちがこの話に飛びつきましたが、裏切られた人が多かったです」。

＊財政支援法：「平成二十三年三月十一日に発生した東北地方太平洋沖地震に伴う原子力発電所の事故により放出された放射性物質による環境の汚染への対処に関する特別措置法」。また、原子力災害対策特別措置法（平成十一年十二月十七日法律第百五十六号）「第二条第三号」に原子力事業者に関する規定がある。

第7章　下請けのマトリョーシカ（ロシア人形）

7. Les poupées russes de la sou-traitance

林哲哉と知り合ったのは、二〇一三年九月のある夜だったが、彼が体験した有名な下請けスパイラル状態が、かくも不条理なものだったとは思いもしなかった。勤め帰りのサラリーマンやギャルやカップルたちで賑わう新宿のパブで、でかい作業靴を履いて、ごつい手をした日焼けした短髪の大男はぶちまける。多少の気兼ねめいたものは感じられたものの、彼の表情には挑戦者の静かな微笑と、こちらの関心をずばり見抜くような眼差しがあった。故郷の長野に帰る途中の彼は、旅行鞄ではなくてバックパックを背負っている。彼は、二〇一二年から体験した原発下請けとの暗闘のオデッセイを話してくれるという。

二〇一二年の春、彼はインターネットで原発の放射線コントロール係の募集を見つけた。彼は、(有)フルマーク(六次下請け=訳者注)という下請け会社に連絡し、六月八日の約束でいわき市に行った。最終的に彼を雇ったのは、原発労働者を募集する目的で数ヵ月前にできたRH工業(五次下請け=訳者注)という会社だった。林哲哉は、これ以前にこの会社と連絡を持ったことは全然なかったが、彼がサインしたのはこの会社との雇用契約だった。「これが正式だというところの雇用契約書です」と、東京にある非正規労働者、派遣労働者のための組合、派遣ユニオンの書記長の関根秀一郎が説明する。「ここには給与についても、危険手当についても一切書かれていません。違法ですね」。林哲哉が驚いたのはこれだけではない。三番目の下請け会社が登場する。これは鈴志工業といい、労働者に当人がフクシマの現場で働いてきたという嘘の履歴書を書かせ、虚偽の印鑑を押させた。林哲哉は建設業で十年働いてきたキャリアはあるが、福島県の建設現場で働いたことはなかった。

下請けという業種には労働力の供給源がいくらでもあって、この長野からやって来た働き手にもさらに四社が手を伸ばしてきた。その中に、広野では名の通ったエイブルという会社があった。東電傘下の下請けランクでは三番目に位置する会社で、林はフランスのアレバ社製の汚染水除染装置を担当するように言われた。「機械は水漏れして故障していました。その場所はとても線量が高く、一分間に一ミリシーベルトもありました。二十分で年間被ばく量の上限ですよ！そして、タイベックの防護用オーバーオールを二枚重ねにして着込み、手袋を何枚も着け、全面マスクを被り、でかいポンチョを着て酸素ボンベを背負い、次の者と交代するまで最長で五分から十分間、この危険な仕事をしました。結局この作業は中止になり、私は裏切られたような、騙されたような感じがしました。彼らは間抜けな作業や嘘には平気な顔をし、責任者の一人などは「一週間経てば、被ばく線量は半分に減るから」と気休めを言った。こう話した後、林哲哉の顔からしばらく微笑みが消えた。一杯食わされ、馬鹿にされた挙句、解体作業のきつい仕事に駆り出された悔しさを胸に、彼は侵害や違反を少しずつ列挙していった。

数日後、彼は別の仕事を担当させられた。霜で凍結したパイプの交換である。「九州や北海道から来た十八歳から二十歳の若い子たちと一緒になりましたが、この子たちは全く職業訓練を受けていませんでした。彼らの目的は金でした。瓦礫を片付けるだけで大金がもらえると言われてきていました。ところが、そうではなくて彼らは被ばく線量が一時間〇・一七ミリシーベルトのゾーンに送り込まれてきていたのです。彼らは実際何をしたらいいのか、まったくわけがわからないでいました」。作業員の日当は一万三千円（百ユーロ）だが、宿代と食費がかかる。そうすると、一万円（七十六ユーロ）を下回る。新たな問題点は、被ばく量と雇用者を記入する被ばく者手帳を受け取ってわかった。不正な内容だらけなのだ。関根秀一郎は東京の事務所で手帳のコピーを机に広げ、穏やかではない表情になる。「見てください。林哲哉は二〇一二年の五月から六月の間、鈴志工業に雇用され、その後テイクワンに十日間雇われ、それからRH工業と契約しています。その後調べた結果、フルマークとTSCという別の会社は住所も法人資格も持たない幽霊会社だとわかりました」。

ここで労働者は引き下がらない。彼はエイブルの責任者に直接会いに行った。「若い子らにこんな使い方をするのはまずいでしょう。嘘を言ったり、インチキな書類を作ったり！」彼は下請けの社長連中に恫喝され「ドヤされ」た。私たちが電話すると、エイブルは被雇用者の「労働条件を明確にする」のを拒否し、こちらの質問に答えるのも拒んだ。関根秀一郎は「このケースに限って言えば、労働法の雇用保障に関する短期労働契約法に多くの点で違反しています」と分析する。行き違いを円満解決すべく組合活動家は、関係者全員での団体交渉を提案した。RH工業とは合意の余地が見つかったが、「東電、東京エネシス、エイブルの各社は、林と直接接触したことがないとして、同じ歩み寄りを見せることは拒否しました」。

林は、二〇一二年九月から十月にかけての一ヵ月半、他社の仕事をした。「この下請けはまともな会社で、契約書も間違いなかったし、仕事内容も約束通りのものでした。キャスター（炉心に挿入する燃料棒を運搬して収納する防水コンテナ）を汚染の非常に少ない場所に五〜六時間保管する仕事でした」。だがこの仕事は長くできなかった。最初の仕事の時に、原発で隠し撮りした映像をユーチューブに載せると、解雇された。彼は、労働委員会に不服申し立てをして、実名を名乗り出た。そして、バンダナを巻いた海賊もどきの彼の顔写真が世に出ると、この型破りの青年はかなりの衝撃を与えた。

沈黙が金とされる世界で、血の掟を叩き壊し、独り敵に立ち向かう。原発関係の仕事にも、建設関係の仕事にも二度と就けないのは言うまでもない。「ぼくはブラックリストに載っています」と言いながら、彼は笑って肩をすくめる。こいつは遊び半分だ、と片付ける人もいるかもしれない。しかし、この四十三歳になる独り者は、新たな一ページをめくったことに自負がある。「初めは恐ろしかったですよ。一〇マイクロシーベルトは怖いですからね。でもすぐに何でもなくなる。どんなノルマにも慣れてしまい、どうってことがなくなるものです。でも、慣れちゃいけない、恐がるべきなんです。そして、もし何もなければ、こんな仕事は早くやめて出ていくべきです」。

この夜、林哲哉が郊外電車に乗って去った時、私はこの労働者のケースがイチエフでの唯一の事例なのかどうか自問した。数ヵ月後、いわき市で会ったある経営者は、私がこの象徴的なケースの話をすると、「彼は色んなことを言うけれど、そんなに長くは原発で働かなかった」。ホンモノの労働者ではなく、半端者の話だと言いたげであった。原子力産業は明らかに、林という出杭を十分に叩けてはいない。

林は単なる小粒の悪童にすぎず、福島第一の内臓部で格闘する数千人の人たちを代表するような存在であるとは言えないのか？　区別した方がいいのか？　よくわからない。日本の経済社会で労働力を補充する役割が次第に大きくなっているパートタイマー労働者、いわゆるフリーターの労働組合であるフリーター全般労働組合副委員長の山口素明を訪ねた。彼の事務所は、都内の初台駅の近くの組合事務所に間借りしている二部屋で、電気カーペットの上に衝立兼用のオンボロ本棚があり、資料が山積みになっている。白髪交じりの髭面の山口はソファベッドに座り、靴下のままで話を聞いてくれた。ネオンの明りに照らされた部屋に、温めなおしたお茶とお弁当の匂いが漂う。饒舌で優しそうなこの組合活動家は、あるイチエフの元作業員のために尽力している。この男は何週間も前に彼のところに駆け込んできた。そしてこれも、林哲哉のケースと同じ筋書きである。山口が説明してくれる。「彼が採用されたのは、一日の作業後の原発の免震棟に着替えのため戻ってくる汚染された作業員をチェックし補助する任務のためでした。防護服を脱ぐ手助けや汚染しないように教えることなどです。八時間勤務で日当一万円の約束でした。最初の約束違反は、雇い主はA社だったのに仕事を命じたのはB社だったということでした」。会社の名前は明らかにしない。なぜなら、現在係争中だからである。「働き始めると、食費と宿泊費は自己負担で、危険手当は付かないことがわかりました。しかも、仕事量が予定よりも多いので、二日間の休みがとれるかどうかわからない、ということでした。このような場合に非常によくあることで、会社は複数の仕事を一人にやらせて経費を節約するのです。もちろん、これはすべて契約でも文書でもなく、口頭で伝えられていました。なぜ、被雇用者が何も言わないのかが問題です」。山口素明は立て続けに言う。「あそこの現場は、恐怖と圧力に支配されています。不満を言って問題を起こすと、多くの作業員が突然契約を打ち切られます。彼らはアンケートに、仕事に満足している、と回答していました。そして数日後には、偶然か何かのように仕事を打ち切られています」。そして彼は「このようなケースは、虚偽の雇用契約が乱造されると、決して珍しいものではなくなります」と結論する。

したがって、林哲哉のケースは一人だけではないのだ。二〇一二年の終わり、東電の調査で、フクシマの作業員の半数近くが労働法違反の条件下で労働していたことが判明した。ある下請け会社に雇用された労働者が別の会社の命令で働く。アンケートによると、回答者の三分の一が、真正な正規の契約をしておらず、三分の二が作業内容の危険度に相当しない時給八百三十七円（六・四ユーロ）という端金《はしたがね》で働いていたことがわかった。

「こうした低賃金や健康問題については認識しておりますが、当方も作業員の方々にその権利と、当方に健康診断を申請していただけることについてお伝えするよう努めております。関連企業のすべての水準にわたって管理することはできません」というのが、これに対する東電東京本社広報担当の吉田真由美の回答である。彼女の上司である原子力設備管理部の小林照明は、「東電は下請け会社三十五社に対して、それぞれの下請け企業が法を遵守し、例えば暴力団関係の雇用を行なわないように指導するよう要請しております」と力説する。しかし、この数分後には、同氏は「福島第一に雇用されている会社と人員の数については正確には把握しておりません」と認めている。実際のところ東電はピラミッドの頂点にあって、そこからは底辺部もそれを支えている何本かの柱も見えてはいない。推定によれば、フクシマの現場では八百社、およそ七千人の労働者が毎日働いている。このピラミッドにぶら下がるロープを辿りつつ、メラニー・ウールス*の日本の都市貧困に関する研究を再考した。二〇〇七年、この社会学者は「大手ゼネコンの成功の秘訣は、雇用契約なしで済ませる労働者をどれだけ使うことができるかにある。下請けの複雑なネットワークのおかげで、大手ゼネコンは直接雇用主としては表面に出ないし、労働法に対する種々の違反の法的責任も負わない」と書いた。この数ヵ月後、東電は関連企業としての懸念を示そうと、下請け会社と労働者間の労働法上の関係を整備し、労働者のための電話ホットラインを設置した、と私に伝えてきた。

だが、三つ子の魂百まで、である。二〇一四年十二月、新しい調査結果が発表された際に、東電社内で常に冷静沈着な小林照明に再会した。電力会社の肝入りによるこの調査は、全てを管理統括することができない電力会社のシステムの欠陥と、三〇%近くの労働者の給料が現場を統括する会社とは別の会社から支払われていることがアンケートで判明したと伝えた。この数字は一年で一〇％上昇していた。東電の重役は申し訳なさそうな顔で、この数字は作業量の増加によるもので、自分たちはこのことを「憂慮」しており、作業員の待遇改善のために改めて「企業努力」をしていく、と言った。うなだれた表情で遺憾の念を見せながら、新たな質問に対する防御線を張るのは真摯な態度と言えるだろうか？

弁護士の水口洋介は、東京・四谷駅に近い事務所の机の向こうで頷いている。専門分野は、社会的権利、労働者の権利で、彼は林哲哉の案件を引き受けており、利益競争に走る下請け業者の下で低賃金、悪条件で働く労働者のためにその門戸を開放し始めた。「政府と東電はこの問題に目をつぶっています。もちろん彼らは、公式見解としてはこうした不正や違法性を懸念していると表明していますが、現実には何も変えようとはしていません。この問題は、例えば東電と一次下請け会社だけが求人を行なう原発解体に向けた事業体を作れば一気に片付くのです。しかし、東電は数ヵ月来、脳死状態に陥っており、政府もフクシマをどうしたらいいのか、もうわからなくなっています。体制は数十年来固定したままで、基本的に何も変わっていません」と、軽視されている法律の隅から隅まで熟知している弁護士は分析する。「行動すること、そして実践部

＊メラニー・ウールス（Mélanie Hours）：フランスの社会学者。ツールーズ大学研究員。専門は日本における貧困と社会保障。著書に『Les nojukusha de Tôkyô : relégation, déni de pauvreté et réponses parcellaires（東京の野宿者、邪魔者扱い、貧困の拒絶、漸次的対応）』、『日本における非正規雇用者問題――健康、非正規雇用、社会保障（Les personnes hors emploi stable au Japon- Santé, précarité et protection sociale）』（大原社会問題研究所刊行誌）などがある。

隊が必要なのですが、日本の組合運動は十分に強力ではないし、訴訟を起こそうとする労働者も稀にしかいません。そういうわけで、実際に働く現場は同じでも、作業員個々で労働条件、資格、報酬に大きな違いがあるのです」。

もちろん、この下請けの藪の中は「地獄の沙汰も金次第」である。私が出会った作業員は全員、報酬の少なさに不平ばかり言っていた。危険に身をさらしていることを考えれば間違っているとは言えない。安い賃金が原因で、近隣の町村の除染作業の現場へ行ったり、二〇二〇年の東京オリンピックの準備のために大展開している太陽光エネルギー部門の現場により良い条件の仕事を求めて、原発を離れた者もいる。低賃金と東電、下請け会社の危機管理運営の致命的拙さが相まって、再建の努力に向かう調和的で一致団結する日本、というイメージを傷つけた。二〇一三年十一月、東京電力ホールディングス社長の廣瀬直己は危険手当の増額、一万円から二万円（七十六ユーロから百五十二ユーロ）を発表、その理由は「労働力の安定確保」であるとした。その数ヵ月後、アジア最大の電力会社社長は国会議員の前で、下請けに対して「各従業員に適切な給与を払うよう」求めた。これは、今までは必ずしもそうでなかった、ということを言い換えたにすぎないのではないのか？

しかし、これをどのように実行するかについては、アプローチが様々に異なってくるだろう。福島第一の頂点にある小野明所長は二〇一四年七月、免震重要棟の本部で質問に対して非常に用心深く答えた。「給与の引き上げについては、作業員に直接渡される金額を正確には把握しておりません」。すべての問題はここにある。東電の課長の一人小林照明は、二〇一四年作業員の六割が報酬に満足している、と自賛している。福島第一で三十六年も働いてきた古株の白髭幸雄が認めるように、危険手当の一部は作業員の懐に入ってはいる。二〇一一年から現在までイチエフに働く除染作業員のタケシは、彼の社長にこの昇給分を要求しなければならなかった。しかし、彼の場合は非常に特殊な手続きを取らされた。社長は、現場の危険度レベルを三つのゾーンに分けて指定した。「被ばく線量に応じて三千五百円から一万二千円（二十六ユーロから九十一ユーロ）の日当をもらっていた。まだ放射能が強かった3号機の近くで作業したときは、一万二千円くれるよう要求した。すると上司は、原子炉は現在十分に保護されていて危険は減少したからもうそれは無くなったと言った」とタケシは語る。賃上げを要求した後、結局タケシは退職してもっといい仕事に就いた。上司は、昇給を拒否したことを正当化するため、ピラミッドの上の階級にある会社が危険手当を下ろさなかったからだと言い訳した。またも、マトリョーシカの論理に立ち戻る。タケシは歪んだ唇に笑い浮かべて「それじゃあ、出るところへ出て手当の金を誰が抑えたのかはっきりさせようじゃないか」とおさまらない。丸い目が笑っている。これで狙い通り大混乱になれば、彼の思うツボだろう。だが敵は弾も兵糧も豊富にある大手ゼネコン、負け戦にならねばいいが。

この給料の問題が下請けのらせん構造を支えている。不当な支払い、不当な雇用、不当な動機、そして究極が不当な仕事の質、である。福島第一においては、これは害となって表われている。ホームレス、日雇い労務者、あるいは文盲など底辺の人々が福島第一に移動してきた。サニーは原発関係企業の技術者として大きい作業集団を率いてきたが、「無経験で不注意な作業員がやってきてミスを連発し、作業の遅れや欠陥の原因につながった」のを見てきた。林哲哉は二〇一二年に原発で過ごした後、決定的な結論に達した。「十分に養成され、仕事のできる作業員はたぶん全体の五パーセントから十パーセントです。あとは無能です。フクシマにやって来るのは仕事にありつけない人だけです。だから、仕事の質は良くないし、やり直しやミスの修正もよくあります」。

二〇一二年の「福島原子力事故調査報告書*」は今や割り引いて読むべきだが、福島第一原発には事故以来、腕の立つ人、若い人、専門家が不足していることを示している。「現場にやって来る働き手はまともな資格者ではないし、やる気があるわけでもない」と語るのは、二〇一一年から現場に何度も来ているタケシだ。「ネジを逆に回す奴はいるし、同じことを何回も言わせる奴、放っておくと何をするかわからない奴もいます。言葉使いもなってない。こっちは訓練を受けた身だから、こういうのを見ると情けなくなる。それから失礼な言い方だが、宿舎に戻るとまるで老人ホームにいるようでね。六十五歳を超えて原発に働きに来たような年寄りは、訓練は受けていないし、この現場で働くための準備もできていない」。この報告書は同時に、清水建設や東北エンタープライズのトップ、原発近辺の市町村の専門家トップも参加して作成されたものだが、原発関連企業からの正面切った批判にはあまり答えていない。批判は、訓練された作業員や技術者、あるいは汚染地域に留まれなくなった関連企業からの作業員や技術者が原発を離れていくことに言及するものだ。以前から現場で汚染と取り組んできた彼らは、やめて田舎に引っ込むか、他の仕事を探すしか選択肢はない。専門的で難しく、やる気の出ない職場で働き続けたくない者は逃げ出す。この人手不足につけ込んで悪知恵を働かせる悪党がいる。この人手不足が、下請けのピラミッド構造の内奥部に新しいミクロ社会の発生を促すのである。それは下請け階層の五番目か六番目に大量に出現する。これらはほとんどの場合、無料広告の下の方とかインターネットに、社名と携帯電話の番号だけで登場する。ごく稀に、求人広告に住所が載っていても、実際にその場所を訪ねてみると正体不明の郵便受けと下りたシャッター、閉まったままのドアがあるほかには何もない。組合活動家、関根秀一郎が言うこうした「幽霊会社」は、安い労働力を売買する連中だ。ギャンブルやサラ金で借金地獄に堕ちた者を釣り上げ、借金の肩代わりとして原発の現場に送り込む。このようなこき使えそうな働き手を裏でかき集めているのが、組織暴力団である。東電の原発は「住吉会（山口組に次ぐ日本で二番目に大きいヤクザ組織＝筆者注）の縄張りの中心にある」と言うのは、原発内部の除染を取材するために二〇一一年に作業員として働いていたジャーナリストの鈴木智彦である。彼は、住吉会が地域に深く密着し、原発の現場での働き

＊福島原子力事故調査報告書：二〇一二年六月に東電が調査・公表した事故調査報告書

手を採用する役目を負った小さい集団を集め、どんな動きをしているかを説明する。このヤクザ組織は数十年来、原発に根を張り、作業員の更衣室にまで入り込んできた。作業員は、犯罪者と強いつながりのある行為、刺青の人間を日常的に見かけると言う。中には組の者であることを示す、指を詰めた者もいるが、大量にいるようには見えない。構成員や周辺の者たちは目立たないようにしている。「福島第一の中にはヤクザはあまりいません。しかし、近辺の町村の除染作業場にはたくさんいます」。

国と企業は、組織犯罪に対して一定の動きを見せ、何度も声明を出してきた。二〇一三年春、住吉会系ヤクザの組長が、作業員の給料をピンハネしたとして執行猶予付きの懲役八月の判決を受けた。この男は、日本の大手ゼネコンの五本の指に入る大林組が担当する現場に、労働者を違法に派遣したことでも逮捕されていた。その数週間後、厚生労働省は労働基準法に違反する三社の名前を挙げて現状に一石を投じた。どちらも佐世保に本社がある、大和エンジニアリングサービスと創和工業と長崎のアグレスが、全く違法に五百十人の労働者を原発に送り込んでいた。二〇〇九年、大和はすでに指摘を受け、公共工事の現場への参入を禁止されていた。捜査当局は、大和の元幹部の一人が組織犯罪と関わりがあったことを突き止めていた。また厚生労働省は、原発内に踏み込むことにした。そして、福島県内の町村にある広大な除染作業場に投資した無数の中小企業に関して検閲した。検閲対象になった企業のうち七割が、労働基準法に従っていなかった。除染は地面を削り、清掃し、ゴミを吸い取り、土を切り取り、積み上げる作業だ。そのために雇われている作業員の量は膨大である。それを考えると、この数字は相当なもので、違反の規模の大きさがどれほどなのか見当がつく。楢葉では（作業員が）四千人前後、富岡は五千人、除染作業を徐々に始めた浪江でも同様だ。汚染地域はまだ残っており、とくに原発から角の形状に広がって、山と渓流がある北西へと広がっている地域は大量の放射性物質がある。不正と横領の危険性は潜在的に高まっている。原発内よりも管理がより困難な西部地域の除染作業での違反の調査では、未成年者を採用していたことが明らかになった。

「この作業員たちは、福島全体でも防護状態の一番悪い環境にいます」と桂武はいわき市のプレハブの事務所で断言する。「彼らがどういう状態でいるのかを把握するのは原発内部についてよりもっと難しい。彼らは、欠陥のある全面マスク、欠陥のあるオーバーオールを支給されて、劣悪きわまりない条件で働いています。強い線量にさらされ、強く汚染された者もいます。これからの年月、深刻な健康問題になる恐れがあります」。

無人の町、伊達市郊外でのある午後だった。綿パンにヘルメットと防水着の作業員の一団に出くわした。彼らは、雨まじりの風の中で落葉樹の葉を落とし、深い垣根を刈り、広げた青いシートに積んでいた。飯舘では、丘の麓で数名の男たちが下草を掻き取っており、そのうち二人はただの野良仕事のようにTシャツに紙製マスクだけだった。道路の反対側には、赤いクレーン車が運んできた黒い袋がぎっしり並んでいた。クレーンを操縦する作業員は、オーバーオールをしっかり着込み、手袋を着け、全面マスクをしていた。実に対照的な作業員の服装だった。北島三郎は眼鏡の奥で、じっと私を見ていた。あなたはきちんと防護していますかと尋ねると、彼は笑いながら頷いた。二〇一二年に東電の原発二ヵ所で働いた後、東京生まれのこの労働者は、二年間除染作業を続けた。「バキュームクリーナーで屋根の上で作業したり、庭や公園などで伐採したり、休閑地で農作物を刈り取ったりすると内部被ばくの危険性は高まります」。線量の上限ぎりぎりのところで必要な土だけを厳密に削るよう作業員に命ずる親方もいたと言う。「私は素手で袋を縛り、その場の空気をそのまま吸い、土や枝や木を混ぜていました。きちんと防護はしていませんでした」。

第8章　過剰被ばくの健康への影響

8. La santé surexposée

彼は頬がこけ、うっすら青いくまのある疲れた目をしている。だが、その不気味な薄笑いがやけに印象的である。マサヒトに会ったのはJビレッジの駐車場だった。夜間の仕事のため、黄色い軽トラックを運転して原発に向かう。仕事は、汚染水タンクにつなぐ配水ネットワーク用パイプの設置である。これは、連続発生している漏水と浸水の対策として、福島第一で至急進められている大工事の一つである。彼はこの夜も、二〇一一年から働いている原発内に向かった。二〇一三年の十月に会った時、物静かでゆっくり喋るこの人物はどこか疲れた顔をしていた。沈み込んで、身動きもできないようだ。彼は五十一歳である。だが、二十歳は老けて見える。薄く禿げた白髪頭の、名前は言いたがらないが東電の下請け会社の幹部で、原子炉3号機と4号機近辺で作業してきた。彼の被ばく線量は「七十ミリシーベルトを超えました」。彼は極めて憂鬱な話を、笑いながらそっと打ち明ける。朗らかに見える笑顔だが、つらさが滲み出ている。彼の口から出る挑戦と無関心を装う言葉の端々に、放射能の脅威と対峙した者の諦観が垣間見える。

このレベルの被ばくではマサヒトの命に別条はない。彼はただ、原子力業界の企業の大部分が国際放射線防護委員会の勧告に従って制限している被ばくの上限を越えてしまっただけである。二〇〇七年、当委員会は放射線照射を受けている労働者のために、「被ばくの上限は年間実質被ばく線量二十ミリシーベルト、五年間平均累積被ばく線量（五年で百ミリシーベルト）で、年間実質被ばく線量五十ミリシーベルトを超えないことを条件とする」と勧告した。この百ミリシーベルトの基準値はどこから来るのか？　実は、これは一九四五年八月六日と九日のアメリカによる原水爆投下による広島と長崎の市民の犠牲者を追跡調査して決めたものである。その後、一九八六年のチェルノブイリ原発事故で再確認された。白血病の発病率が、百ミリシーベルトを境に大きく高まることがわかったからである。その他の癌疾病に関しては、二百ミリシーベルトから増加する。

実質被ばく線量と言う場合、国際放射線防護委員会は放射能に照射された臓器や人体組織の脆弱性と放射線の種類（X線、ガンマ線、中性子線、アルファ線）を参考にしている。最終的には決め手は荷重である。そこに、年齢、性別、遺伝形質、ライフスタイルなどが加味される。ここから先は、物理的尺度と生物学上のインパクトのあらゆる複雑さを伴った放射線防護の困難性の領域である。放射線量、受動的物理単位と能動的物理単位、放射線の種類とパターンなど、難しいことだらけだ。人体組織へのイオン化効果に関する最も優れた専門家の一人、放射線生物学者ニコラ・フォレー*も、「放射線防護には厖大な専門知識が必要だが、専門家の育成が不足している」と言っている。原発労働者が何も言わないでいる原因の一つはおそらく無知にあると言えるけれども、彼らがこうした難しい世界から縁遠いことは当たり前の話だ。誰が彼らに教えてあげるのか？　危険性と健康に関わることすべてを説明するこうした厖大な基準の数々は、途方もない科

＊ニコラ・フォレー：フランスの放射線生物学者。リヨン癌研究センターで放射線被ばくの生物学的影響研究グループを指揮する。とくにイオン化被ばくがＤＮＡ損傷につながることから、ＤＮＡ破壊が引き起こす遺伝障害を専門に研究。

学的難解さの集大成である。原子力業界がこれらの基準を判断する目にまず間違いはないはずだ。だが、働くのをやめなさいとはおそらく言わないであろう。

「周りはみんなやめろと言いましたが、月収四十万円（二千八百七十ユーロ）もらえるから続けます」とマサヒトは言う。「今の仕事をやめたらすぐに次の仕事は見つからない」。やめたら、畑仕事をやるか、ぶらぶらするかだ。あるいは線量を浴びない仕事か、給料の安い仕事になる。だから彼は「続けます」、そして最後は笑って「あまり浴びすぎないよう気をつけます」と言うけれど、大した説得力はない。しつこく訊く。疲れ以外に目立った症状は？　彼は七十ミリシーベルトに達した時点で医師の診断を受けている。「六ヵ月検診は義務ですが、医者には別に何も言われませんでした」。尿検査と血液検査、それに検便もし、身体から発する放射線（X線とガンマ線）を測る人体測定検査も受けた。「健康に異常なし、全て順調でした」と言い切ると、マサヒトはもうこの話はしなかった。

彼の言葉を信じるしかない。作業員は自分の健康状態について多くを語らない。この点に関しては、この二年間の調査を通して出会った他の同僚たちと似通っている。みんな健康状態と線量の話は好まない。身体は道具と化し、巨大な機械の一部分、部品の一つになったようなもので、使えなくなればいつでも取り替えがきく。これは、危険から逃れるために現実を否定し、考えないようにする態度とも言える。S・ショウタのことを思い出す。彼は、この重要な健康診断を従兄弟にあたる雇用主に一任していた。私たちが出会った時、彼の被ばく線量は二十ミリシーベルトに達しつつあった。彼は疲れた目で言った。「親父も義理の親父も、もう危ないからやめろと忠告した。六ヵ月以内なら大したことはない、と言っていた親父とも言い合いになった」。時間の問題にすぎない、とは！　理論的でもなければ、用心深さもない話だ。捕らえた鼠をもて遊ぶ猫ではないが、まるでシーベルトにもて遊ばれているようだ。Ｓ・ショウタには議論を断ち切る決定的な台詞がある。「おれは生きるために金がいる。体よりそっちが先決だ」。二〇一一年から断続的に原発にいた除染作業員のタケシは、自分の被ばく線量すら知らない。彼はある晩、「数字には興味ないね」と笑いながら言い訳した。「それを管理している会社の責任者」に任せてある、と。「それ」とは、命であり、核固有の危険性のことではないか。作業員と業界の責任者以外の、私が会った人たちにこの話をすると、誰もが怖がる。一九七九年から原子力産業に身を置いてきた、管理職の白髭幸雄とも話したが、同様の無関心に直面した。「私は、会社、それに六ヵ月ごとに診てくれる担当医の先生方を信頼しています。問題があれば教えてくれるでしょう」。不思議なスタンスだ。頭隠して尻隠さず、放射能版の感がある。

線量というのは、労働者にも一般人にとっても存在し、日本でもまたフランスでも誤って伝えられている具体的な危険性についての実質的無理解を覆い隠すために、うまく使われることが多い。線量は、とりわけタブーをうやむやにする。健康の話をすることは、どうしても危険性に触れることになり、すでに潜在的に危険性が存在する男世界では、弱みを見せることにつながる。

それは他人、あるいは他の仕事の共同体と敢えて区別することであり、さらには団結を脅かし、ひいてはグループ全体に重荷となってのしかかる。したがって、沈黙が凌駕し、忘れることに慣れ、生き方が決められてくる。福島第一の下請け地獄に翻弄された労働者の林哲哉は、東京で会ったある夜、状況を非常にうまく要約してくれた。「怖いですよ」彼は言った。「初めは、十シーベルトでも恐ろしいと思う。それからあっという間に何でもなくなる。こんな基準に慣れっこになって、どうでもよくなる。でも慣れちゃダメ、怖がらなくちゃ。で、まともな人間ならさっさとこの仕事をやめておさらばするんです」。

林哲哉は去った。しかし、多くは原子炉の下に残っている。家族を食わせるために。厳しい気候と、日本に限らず秘密の多い専門領域の厳格な基準と何とか折り合いをつけながら。岐阜大学の社会学教授、高木和美によれば、「雇用者側は採用の仕方、労働環境、原発の検査結果、事故、労働者の疾病、障害者などに関する重大な問題が漏洩することを恐れている」。この三十年間、彼は多くの原子力発電所が建設された若狭湾沿岸地域（敦賀、ふげん、もんじゅ、美浜、大飯、高浜）の原発労働者の現地聞き取り調査を大量に収集してきた。その詳細な研究発表において彼は「もし労働者が包み隠さず話せば、原発の構造的な脆弱性、また違法雇用、多くの疾病実例、そして放射線被ばくによる死亡の諸情報が明らかになる」と書いている。

そして、何も言わない方を選んだのが多数派を占めた。それ以外は、幸い数は少なかったが、放射能と仲良くして危険に身をさらす方を選んだ。フクシマの大事故の後の最初の二年間、作業員たちはX線とガンマ線が通過しないように意図的に線量計に鉛カバーを装着して、時間と給料を稼いだのだった。この操作は東電の下請けの東京エネシスのそのまた下請けのビルドアップという会社の役員自らが強制していた。この二社は、鉛カバーによって被ばく線量を三割減に抑えられたと認めている。この方法を好まず、自分の線量計を放射線照射の少ない場所に隠していた作業員もいた。二〇一二年に福島第一の現場に作業員として雇われたジャーナリストの桐島瞬は、取材に必要なので線量計を持たずに何度も踏み入った。瞬は、サラリーマンや霞ヶ関の公務員たちであふれる飲み屋で、線量計の巧妙な隠し場所や作業員たちのいい加減なやり方を控え目に面白おかしく克明に話してくれた。原発経験豊富な管理職のサニーは、ずっと仕事が続けられるよう警報器付き線量計（APD）を捨てた作業員を見た、と認めている。

こうした行為は、解体工事の最初の二年間の混乱の中で生じたことであって、当然尋常なものではない。数々のスキャンダルが暴露されてからは、東電と下請けは線量の管理操作のずさんさを減らすよう努めた。そして、線量と警報器付き線量計携帯者の記録システムを改善した。それは、津波後の三週間で、使用可能な線量計が五千台から三百二十台に減少した事実に直面したからである。計測機器類が、津波で浸水した福島第一から大量に流失してしまった。最初は、グループあたり一台ずつの線量計しか行き渡らなかった。言い換えれば、被ばく線量の計測はグループ単位で行なわれ、個人が受けた被ばく線量の判定までには至らなかった。福島原発事故独立検証委員会*によれば、「作業員の約二割がそれぞれの累積被ばく線量について知ることができなかった」。

これらすべての理由から、東電と厚生労働省が提出した最初の報告はいくつかの点に留意して受け取る必要がある。添付の数値表とデータ資料で当局は、二〇一五年七月の時点において四万三千六百人の作業員が原発で働き、そのうちの圧倒的多数が下請け会社からの用員であったと明記している。さらに、東電の社員百五十人を含む百七十四人が百ミリシーベルト以上被ばくしていた（七月現在）、と付け加えている。東電によれば、最も被ばくが強かった二十人のうち十七人が実質百七十六ミリシーベルト以上の累積被ばく線量を浴びており、合計では最も汚染の強い六七八・八ミリシーベルトに達していた。しかし、この数字は、広大な敷地での混乱や事故直後最初の数週間の劣悪な連絡体制といった事情から、すべての実情を反映しているとは考えにくい。このことから、とくに健康と放射能防護の問題に対して必ずしも誠実に対応するとは限らない下請け会社の系列下にあって、作業員たちが放射能防護なしで現場に出入りしていたと考えても間違いではない。とにかくこれは、いわき市の小組合、自由労組の桂武が指摘したことである。彼は、津波の後で職を失った小名浜港の日雇い労務者のごく一部で起きた状況について語った。この人たちは二〇一一年五月、原発敷地内の瓦礫処理現場に入った。七月末に戻ってきた時、何人かは被ばく線量合計が四百ミリシーベルトになっていた。「でも、当時は原発労働者に許可されていた上限は二百五十ミリシーベルトでした。東電は、彼らはそれ以上浴びてはいないと断言していました」。私は何度も試みたが、この労働者たちに会うことはできなかった。コンタクトをとるために動いてくれた仲介者は、彼らは「ミリシーベルトの話はしたくない」そうです、と言った。最も強く被ばくした二十人のリストにある作業員が誰だったかもわからない。

しかしながら、これらの非正規原発労働者だけが例外だとは思えない。フリーな立場にある専門家は、百ミリシーベルト以下の線量を浴びた作業員のために、下請け会社が提出したデータと原子放射線の影響に関する国連科学委員会（略称ＵＮＳＣＥＡＲ）*が評価したデータとの間に時に非常に重大な隔差があることを明らかにした。この隔差から、日本の当局はデータを再評価し、二〇一三年と二〇一四年の二万五千人近くの作業員の推定被ばく線量を引き上げることにした。

大事故の結果、東電とその下請け会社は内部汚染を立証するための、つまり食物摂取、呼吸、あるいは傷口から身体に放射性核種が入り込んでいるかどうかを特定するための機器を奪われてしまった。この測定を可能にする新しい検査用機器が使えるようになったのは、二〇一一年の七

＊福島原発事故独立検証委員会：東北地方太平洋沖地震による東京電力福島原子力発電所事故の検証を行なう民間人委員会で「民間事故調」とも呼ぶ。一般財団法人日本再建イニシアティブにより二〇一一年九月に設立された。「東京電力福島原子力発電所における事故調査検証委員会」（内閣府）や「東京電力福島原子力発電所事故調査委員会」（国会）とは異なり、民間人の立場から事故の検証を行なう。二〇一二年二月二十八日に検証調査報告書を発表、出版した。

＊原子放射線の影響に関する国連科学委員会（United Nations Scientific Committee on the Effects of Atomic Radiation：ＵＮＳＣＥＡＲ）：電離放射線による被ばくの程度と影響を評価・報告するために国連によって設置された委員会。冷戦下、第十回国連総会で設置提案され、一九五五年十二月に承認された。事務局はウィーン。報告書はＷｅｂにて無料公開されている。

月になってからであった。そして、それにもかかわらず、国連の専門家から「各企業が提出した従業員の内部被ばくのレベルの信憑性」への疑問が呈された。二ヵ月前にすでに、作業員は全員各自用の線量計を受け取っていたが、しかしこれは外部放射能を測るだけのものであった。

遅れはしたが、これらの機器は緊急の必要に応えるものであった。放射能のレベルは建屋の爆発の後上昇し、次いで空気中に塵芥が飛び散った。緊急対策のため、効果的線量の上限は事故直後から百ミリシーベルトに設定されていた。三月十四日、それが二百五十ミリシーベルトにまで上げられた。日本語的表現では「緊急事態線量」であるが、これは二〇一一年十二月十六日まで実施された。これは、原子炉の冷温停止が確認された日時である。

この九ヵ月間、福島第一の作業員たちは強い汚染レベルにさらされていたが、幸いこれは時間とともに弱まっていくものであった。しかし、「ホットスポット」は原発内の各所と原発の周囲半径二十キロ内の地域に残存していく。百七十四人の作業員が放射能に強くさらされ、汚染されたのはこの時期のことであった。彼らについては何もわからない。東電はいつも「個々の事例について、とりわけ作業員の健康状態に関しては」語ることを拒否した。東電の広報担当、山岸龍博は「私どもは、いかなる疾病も死亡も放射能照射が原因ではないと確認しております」とだけ表明した。二〇一五年十月二十日、それは否定された。この日、日本政府は事故以来初めて、原発の元労働者の白血病と彼の被ばくとの間に因果関係が存在することを認めたのである。四十一歳になるこの元作業員は、二〇一二年十月から二〇一三年十二月まで、ある下請け企業に雇用されて福島第一で働いた。この作業員は北九州出身で、原子炉３号機と４号機の近くで建設作業と溶接に従事した。彼は福島で十五・七ミリシーベルトの線量を浴び、その前に九州電力玄海原発での三ヵ月にわたる定期検査の際に雇用され、四ミリシーベルトの線量を浴びていた。彼が急性骨髄性白血病と診断されたのは二〇一四年一月である。一九七六年に制定された原子力セクターの労働者に対する労災認定規則に従い、厚生労働省は、完全加療と補償金の支払い義務が発生することになった。当該セクターの労働者が、一年間に五ミリシーベルト以上被ばくし、最初の被ばくの一年後に何らかの疾病を発病した場合、当事者に補償を受ける権利が生じるが、国はこの四十年間で十三人の労働者に補償を与えてきている。二〇一五年十一月の段階で、他に三件が検討中であった。

一九七五年から二〇一二年の間に、少なくとも十六人が原子力セクターで就業した後に死亡したことが公式にされている。その中で、強度の放射能を浴びた者は一人もいない。当局の報告では、二〇一一年以降、福島第一の作業員が十名死亡している。二名は三月十一日の洪水で、五名は心臓麻痺、熱中症、白血病による病死、そして残りの三名は工事現場で行方不明になっている。これまでのところ死亡事実と放射線の影響との因果関係は何ら立証されていない。

すべての労働者の追跡調査が行なわれるようになった。日本では、一九七七年から公益財団法人の放射線影響協会放射線従事者中央登録センターが放射線業務従事者のためのデータ管理を行なってきた。ここ数年、中央登録センターとしての立場から放射線影響協会はしばしば情報提供を怠ってきた東電に対し何度も協力を求めてきた。原発労働者はそれぞれが血液検査、眼科検査、肺検査、心臓血管検査の基本的健康診断を受けねばならない。五十ミリシーベルト以上の線量を浴びた者は、白内障の発症を調べるための追加分析を受けることができる。二〇一五年五月二十九日現在で、登録者は二千四百二名で、うち千六百二十五名が下請けの労働者だった。そして、百シーベルトを超えてしまった労働者の場合は、一連の検査を行なって甲状腺機能障害あるいは癌（肺、胃、脊髄）の可能性を診る。しかしながらこの段階になっても、まだ総合検査というところまで至っていないし、そんな話も聞かない。分類、整理、整頓が何よりも好きな官僚的お役所仕事の国だというのに、これは一体どうしたことか。二〇一一年から今まで時間が無かったとでも言うのか、それともやる気が無いのか？

とくに、東電とパートナーの大会社に雇われた者と、下請け会社の労働者とでは明らかに大きな格差が存在する。前者には健康診断と追跡調査が普及しているのに対し、後者には体系的にも組織的にもうまく適用されておらず、あまり良心的でない会社で働いていることが多い。放射線従事の臨時労働者は、雇用者の健康診断記録を持たずに会社から会社へと渡り歩くことがしばしばである。また、会社が労働者に対して、健康診断の経費を自分で賄うよう求めることもある。これは、林哲哉に起きたことだ。組合活動家で運動家の北島三郎は、他の人が環境省の費用で巡回健康診断車のホールボディカウンター検査を受けている時、臨時労働者は健康診断料を自己負担しているのを目撃している。桐島瞬あるいは上地剛立のような作業員は、フクシマの現場で何ヵ月も働いたにもかかわらず健康診断を一度も受けなかったと言う。富岡の反原発活動家で今はいわき市に住む石丸小四郎が暴いたように、不正な照明書やカルテも見つかっている。

この不平等な医療体制、緊急作業初期のやっつけ仕事、原子力産業を支配する無視と沈黙。これらが渾然一体となって、二〇一一年以降、噂の源になってきた。かくして、原発労働者の周りに陰謀論が渦巻くようになった。曰く、「フクシマで八百人が行方不明になった。（中略）殺されたかもしれないし、作業中に死んだのかもしれない」。絡んでいるのは「政府かヤクザ」だそうだ。そう言えばどこの現場か心当たりがあるような、誰に聞いたかはわからないが、「大勢の作業員が」「眠っている間か、週末に」死んでいたらしい、これもちろんここだけの話で……。日本では原発についてはけっこう冷めた目で見ており、このような噂話を真剣に受け止める人はいない。健康の面ではかなり似通っていることを示すために、よくチェルノブイリとの比較も取り上げられる。どちらも、原子力事故の評価の国際基準で最も高いレベル７*に評価されてはいるが、

＊レベル７：国際原子力機関（ＩＡＥＡ）と経済協力開発機構原子力機関（OECD/NEA）が策定した。国際原子力事象評価尺度（International Nuclear Event Scale, INES）。一九九〇年より試験的に運用され、一九九二年に各国の正式採用を勧告し、同年に日本でも採用された。チェルノブイリ、福島第一とも放射性物質の重大な外部放出、ヨウ素１３１等価で数万テラベクレル以上の放射性物質の外部放出があり、原子炉や放射性物質障壁が壊滅、再建不能という最も深刻な事故として、レベル７の評価を下されている。

両者は比較できない。日本では、二〇一一年の事故は、放射性廃棄物の放出も放出地域も（チェルノブイリより）小さく、しかも目下のところ被ばくした作業員の数も少ないとされる。

それでは、福島は危険ではないのか？　みなさんご安心下さい、なのか？　実は、多くの医師や放射線生物学者は事故の健康上の影響について立証するには時期尚早すぎるという意見である。おそらく、一九八六年の原発爆発事故以降に多くのリグビダートル（事故処理人）が亡くなったウクライナよりは重症ではないかもしれない。「核エネルギーの放出なら、フクシマはチェルノブイリより十分の一少ない」とフランスの放射線生物学者、ニコラ・フォレーは繰り返す。「例えば、影響について確認するのはまだ早すぎる。白血病、甲状腺癌、肉腫（腫瘍）は時間をかけて進行する。しかも、癌の発症確率はわずかであり、チェルノブイリに比べてより少数の人たち、より小さい集団が対象である」。

原子放射線の影響に関する国連科学委員会は、フクシマの作業員の受ける危険性の測定評価を出した。百ミリシーベルト以上被ばくした百七十四人は「照射の無い状態で約七十名以上に癌が発症し、さらに二、三例の癌が発症する可能性がある」。委員会と協働する放射線防護・原子力安全研究所（ＩＲＳＮ*）は、「この危険性の増加は自然変動に比較しても微弱なもので、検出がきわめて難しい」と、総括している。「これら同一人物に関しては、被ばくによって一件の白血病が誘発され得る」。上甲状腺に百ミリシーベルトを超える線量を被ばくした一千九百七十三人の作業員については、放射線防護・原子力安全研究所は「この人たちの超音波検査では、非被ばく者の基準値上において可能な症例数に比して、基準値に至っている場合の症例と、放射線誘発癌の症例を検知する確率が非常に高い。しかしながら、放射線誘発癌の発症の増加が認められる可能性は非常に少ない」。放射線防護の専門家は、最も過剰に被ばくした者でも「循環器系疾患が過剰発症した例は非常にわずかだ」と力説する。しかし、白内障の危険性同様、少しでも兆候があれば申し出るよう当該労働者たちに注意している。

これらの評価基準は、ヒロシマとナガサキの教訓に根ざすものだ。そして、一九四五年のアメリカによる空爆が、放射線防護の問題において、いかに普遍的痕跡となっているかを確認して驚かざるを得ない。あれから七十年、私たちは百ミリシーベルトの基準を尊重しながら、常にあの

＊放射線防護・原子力安全研究所：(Institut de radioprotection et de sûreté nucléaire、ＩＲＳＮ)。フランスが二〇〇二年に組織した原子力安全と放射線防護を目的とした商工業公施設法人。国防、環境、産業、科学研究および厚生労働の各省の共同管理下で運営される。原子力安全局と連携して事件や潜在的事故の放射線の影響について評価し、市民と民間原子力産業の接点として機能する。

＊リベラシオン：フランスの日刊紙。ジャン＝ポール・サルトルとベニ・レヴィ、セルジュ・ジュリーらが一九七三年に創刊した。左派の新聞としてスタートしたが、資金難から経営者の交代劇を繰り返し、二〇〇五年にはユダヤ人富豪のエドゥアール・ロッチルドが経営権を取得した。その後セルジュ・ジュリーは欧州憲法に関する国民投票で賛成票を投じようというキャンペーンを張り、購読者の反発を買って左派読者がリベラシオンから離れた。二〇一五年現在、発行部数約八万八千部。現在は中道左派の新聞になっている。

経験に立ち返る。ヒロシマとフクシマ、この二つの状況はしたがって、ある部分でつながっており、それはどちらもシマという同じ語尾を持つ悲しさだけではない。私は二〇一五年七月、原爆投下七十周年を記念して『リベラシオン』*紙のコラムに載せるため九州に赴き、一九四五年八月の生存者である三人のヒバクシャと面会した。彼らは三人とも、ヒロシマとフクシマを結びつけるのであった。この奇跡的に生き残った人たちは、私が話す前からフクシマの「核の毒」のことを言い出し、原発の空と海に放出された廃棄物が二〇一一年以降、長い時間をかけて及ぼす結果が恐ろしいと話した。うち二人は病身で、体のあちこちに傷が残っており、癌やその他の病が多発するのも覚悟している。彼らにとっては、民間の原子力も軍事の原子力も、「人間破壊の恐るべき企て」を相互に補完するものである。日本政府にたとえ忌み嫌われようとも、この核の連鎖の遺産を断ち切りたい彼らは、一九四五年と二〇一一年を結びつけないわけには到底いかない。

「他にもっといい言い方がないので、原発労働者に降りかかる災難をヒロシマと比較対照するのです。しかし、これには限界があります。放射線照射が異なっているのです。原子爆弾は一度だけの強い爆発でした。労働者が浴びる放射線は、強くはないけれど長期間にわたって繰り返します」と説明するのは医師の村田三郎だ。木製の壁板がむき出しの応接室で彼は確信的に話す。この放射線科医は四十四年間、ヒバクシャの診療を経て原発労働者の健康状態の変化を追いかけてきた。そして彼は、ヒバクシャの症状と日本の原発労働者のそれとの類似点を見つけ出した。「疲労感、視覚障害、無気力、消化器、呼吸器、循環器系の疾患など、症状は同じ、進行度合いも同じです」と大阪府下の阪南中央病院放射線科診察室で、村田三郎は指摘する。「しかし、労働者が浴びている低線量の重大性を認めたくない人がいる。一般世論では、人体は長時間の間に少ない線量に慣れるか、あるいは汚染の痕跡も消えてしまうという考え方が流布しているが、それは嘘だ。低線量の影響力を証明するのは難しいが、国はこの重大性を認めるべきだ」。村田三郎は、前半生をかけて原発労働者の症状を知ってもらうために闘ってきた。

低線量被ばくに関する議論は、三万四千人以上の労働者が二十ミリシーベルト以下の線量に被ばくしてきたフクシマにおいては無視できない。この問題はここ数年来、何度も問われてきた。これはまた、原子力発電所だけに限ったものではなく、イオン放射線を用いる産業や映像技術導入の医療機器のようなテクノロジー分野にも関わってくる。フランスのＩｎｓｅｒｍ*の放射線生物学者のニコラ・フォレーは低線量効果の専門家である。彼も同様に、百ミリシーベルトの限界値に対する村田三郎の問題提起を支持する。「低線量被ばくの繰り返しは実際感心できない。そして生まれつき最低限の敏感さを持っているだけで、危険性は少なくとも十倍増し、懸念が生じる。癌体質の患者、労働者の場合、被ばくが作り出す不安定性によってより早く、しかも確実に癌につながる」。

＊Ｉｎｓｅｒｍ：Institut national de la santé et de la recherche médicale の略称。フランス厚生省と高等教育研究省の後援で設立された公的科学技術研究機関。三百三十九の研究グループ、六千五百人の常任研究員がいる。

なぜなら、被ばくの繰り返しは人によってはＤＮＡに対してより多くのダメージを与えるからだ。「被ばくした場合、ＤＮＡにとって最も重大なダメージは二本鎖が損傷することで、ＤＮＡ修復が不順な場合に癌が発生しやすくなる」とニコラ・フォレーは詳述する。「放射線抵抗性を持った生物の場合、ＤＮＡの二本鎖の損傷を半分修復するのに一時間を要する。もし被ばくが短時間の間に繰り返されれば、ＤＮＡは完全に修復されないまま、続く被ばくによってダメージはより深くなり、それが最初の損傷につけ加わる。有効な忠告としては、最終的効果は各被ばく効果の合計であるという仮定を立てつつ、被ばく線量を足していけば十分よくわかる、という原則から出発する。または、低線量であるけれども数分単位で、あるいは一日だけ繰り返される被ばくは、より強い効果を持つようである。これは、ペトカウ効果――低線量で繰り返される被ばく効果――と呼ばれるものである。この場合、２プラス２が誰にとっても４になるとは限らない。ある労働者が年間二十ミリシーベルト以上を浴びてはならないという場合、それは累積線量のことである。しかし、当然どれだけの時間に何回被ばくしてこれだけの線量を浴びたかは示されていない」。

放射線感受性の個人差の問題が議論になっているという証拠に、国際放射線防護委員会（ＩＣＲＰ）が最近、放射線防護の規則を整備するために検討グループを設置した事実がある。原発労働者は、この検討作業と疫病学的研究に直接関与し、その行動の仕方と汚染のリスクから防護する方法を修正できるかもしれない。そこで発生する訴訟行為についても言を俟たない。福島第一の労働者たちは、今後数ヵ月のうちに膨大な研究の対象になろうとしている。日本政府は、放射線影響研究所（ＲＥＲＦ）＊に対し、原発の作業員の健康状態を追跡するための認可を与えた。この日米共同の研究所の主旨は非営利団体で、一九四七年にアメリカが設立した原爆傷害調査委員会（ＡＢＣＣ）を継承するものだ。ここでもヒロシマが議論に入り込んでくる。ここでも原爆のイメージが原発の事故に重なる。放射線影響研究所は、線量レベルが最大二百五十シーベルトに達していた二〇一一年三月から十二月にかけて駆り出された二万人の労働者を追跡する意気込みでいる。しかし、二〇一五年春、放影研は労働者に質問に答えるよう説得するのに手を焼いた。最初に対象になった二千人のうち積極的に回答したのは三十五パーセントだけしかいなかった。多くが健康診断を受けるために給料一日分を失いたくなかったからである。放影研の広報担当、ジェフリー・ハートは放影研は「当時のアメリカ人が、ジープに乗って、軍服姿で焼け野原の市街を見物していたことでさらなる過ちを重ねた」結果、ＡＢＣＣが背負った負の遺産との折り合いをつけねばならなかった、と広島の研究所で振り返る。原爆傷害調査委員会は全く治療を

＊放射線影響研究所（ＲＥＲＦ）：広島と長崎に置かれている被爆者の健康調査及び被爆の病理的調査・研究を行なう研究機関。ＡＢＣＣと厚生省国立予防衛生研究所（予研）と原子爆弾影響研究所を再編し、日米共同の財団法人として一九七五年に日米政府が設立した。これまで外部被ばく研究が主であったが、福島第一原発事故以後、内部被ばくの不安に対応するため、一般の放射線の慢性影響に関する世界的研究教育センターを目指し「放射線影響研究所将来構想二〇一二」を提起した。内部被ばくなど低線量被ばくの危険性を解明し、被ばく者情報をデータベース化しようとしている。

施さず、研究目的のために生存者の医学的追跡調査に専心した。「日本人は長い間、いくつもの検査を受けさせられる実験動物のサルまがいの扱いを受けたと感じてきたのです」。

こんにち、アメリカと日本の出資を受けて、研究所は異なる活動に門戸を開放して、失地を恢復しようとしている。被ばくの影響を判断するため、長期にわたって福島の労働者たちの追跡を開始した。目の前には広大な仕事が待ち受けている。重村淳は、原発労働者の精神衛生に関心を持つ。彼は珍しくも、普段は貝のように押し黙る東電の社員とだけコンタクトが取れる医学博士である。マスコミに社員との面会をさせない電力会社であるが、彼には千四百人の社員（福島第一が千人、福島第二が四百人）のアンケートを取る権利を認めた。二〇一一年以降、埼玉県にある自衛隊の防衛医科大学校で教鞭をとる、この人当たりのいい精神科医は、特殊な分野の労働者に聴診し、聞き取り調査を行なってきた。彼らは事故の最前線に身を置き、地震と津波による原発の危機管理を担った人たちである。原発の混乱を引き起こした責任者企業に所属している彼らは、それ以後というもの大いに屈辱感を味わい、「悪口雑言」を浴びせられ、事故の犠牲者である地域社会からもつまはじきにされた。「深い精神的苦痛」すなわち「心的外傷後ストレス障害」に至るこの強烈な差別の蓄積は従来、研究対象に全くならなかった。精神医学が専門で、アメリカでも研修を積んだ重村淳は、原発労働者の精神衛生とベトナム戦争の帰還兵とのそれとを比較することを厭わない。二〇一五年の春に会った時、教授は原発の東電職員の精神衛生状態についての研究を継続するために、厚生労働省の助成金を受けたばかりだった。

「この人たちはずっと苦しんでいます。彼らの半数は、死ぬかもしれないと思っていました。数日間の間に、彼らは地震と津波に、そして放射能汚染に対処しなければなりませんでした。原子炉の建屋を揺るがした連続爆発の後、降り落ちる瓦礫から走って逃げた者もいました。そのうちの一人が、自分は一度死んだ、と言っていましたね。別の一人は、爆発の度に死んだので、自分は三度死にましたと私に打ち明けました」。厳正で観察眼鋭い重村淳は、これら職員たちの労働環境が、三月十一日を境にしていかに劣悪なものに変わって行ったかを話してくれた。二〇一五年の春から、東電職員は休養センターとレストランが自由に利用できるようになったが、これは東電が以前からその計画を発表していたもので、彼らは「汚染した労働環境下で、食事だけは満足にできて、そしてゆっくり休めるようになるのに四年以上待たされたのです。長すぎます」。

何といっても、この職員たちは敗北者の烙印を押され、原発の危機の中で見捨てられた存在と言える。「三月十一日までは、彼らはエリート労働者であり、福島ではトップクラスの扱いを受けていました。立派な学歴の者も多く、給料も社会的地位も高い、ハイレベルの生活をしていました。それが、わずか数日の間にすべてが消え去ってしまったのです」。それと同時に東電は、一括二割の減給による給料カットの上に、仕事の量と責任を増やした。これら職員も放射能に追いやられることになったのだ。彼らも被害者だ、ということが忘れられている。彼らの多くが、親や友人を亡くしている。近親者の消息が分からないまま何日も過ごした者も多い。財産は津波で流失したか、放射能に汚染されてしまった。夫婦別れした者もいる。彼らは、自分の町にいながらにしてホームレスになり、自分の仕事で非正規労働者になり、設備機器やインフラが損壊してしまった地域から動けず、放射能の恐怖と「自分の仕事についてのきわめて高レベルの不安感と強い疑問」を抱きつつ働いている、と重村淳は続ける。それだけではない。職員たちは罵詈雑言を浴び、東電がやってくれたヘマと手落ちのせいで、こんな酷いことになったのだ、と東電職員であるというだけで誹謗中傷された。重村は言う。「この差別が、東電職員の鬱病と意欲喪失に大きな影響を与えています。さらに重症なのは、職員たち自身が子供に親の勤務先を言わないよう言い聞かせていることです。地域の運動会や町内会の集まりは避けています。知られたくないため、また村八分にされないために、庭に作業服を干さなくなった職員もいます。近所に東電のロゴマークを見られたくないから。こんなところまで差別は及んでいます」。以前は労働者の貴族階級とまで思われていたのに、世界が崩壊してしまったのである。

第9章　フクシマの子

9. L'enfant de Fukushima

本来なら、この人はいわき市の南二十キロのところにある、火の消えたような植田町のレストランのテーブルに坐り、熱いコーヒーを飲んではいなかっただろう。もし、二〇一一年三月十一日の大災害が起こらなかったら、吉川彰浩は間違いなくまだ東電の職員であり、この日もおそらく福島第一の十キロ南にある福島第二発電所構内にいたことだろう。

この男は、太平洋岸に建つこの二つの原発のことを隅々まで知り抜いている。彼は半生をそこで働いて過ごした。福島第一で十年、それから福島第二で四年。この年月が彼の人格を形成し、彼の存在理由となり、彼の人生そのものになった。茨城県出身の彼は、森と畑の広がる海に面した平野に妻と移り住んできた。最初は双葉町に住み、それからこの原発地区の入り口にある大きな町、浪江町に引っ越した。彼の家は原発から七キロのところにある。三月十一日まで、吉川彰浩は真面目一筋の労働者として、それから熱心な管理職として生きてきた。家族、仕事、友人、家、海、田園、すべてはここにあった。すべてが単純明快だった。この存在根拠の中心に原発があった。

吉川彰浩は、メンテナンス担当責任者グループの管理職として働いていた。核廃棄物や汚染水の放射能測定機器を管理し、燃料棒貯蔵プールと原子炉冷却系統の水量指示計を監視し、復水濾過装置を管理する仕事だった。彼は、十社あまりの下請け企業と直接接触を保ちながら、作業内容、新設備機器などを指定し、作業後の清掃作業や復元工事のケアーを受け持っていた。一年に一度、専門家と有資格作業員と一緒に設備装置の清掃も組織していた。

「私は、大東京のような大都市に供給する電力を生産していることが誇りでした。当時は予算が十分にあり、非常にいい仕事ができました。システム管理は順調だったし、下請けとの関係も良好でした。会社は隠し事をしなかったし、本当の安全第一主義が確立されていました。いい会社でした。もちろん仕事は大変でした。私はベテラン管理職として、危険性が事故や操作の誤りから生まれることがよくわかっていました。偶然発見した危険などありません」。

　地味な眼鏡と優しい手が印象的な、三十四歳になる物静かな男性の確固たるプロ意識と深い情熱、そして内気さが混じった、等身大の言葉であった。吉川彰浩との出会いは、ある作業員から聞いたＮＧＯのウエッブサイト、Appreciate Fukushima Workersにあった写真だった。そこにはパーカー姿の三十歳代の男性三人が、衣服や雑貨で一杯の十個ほどの段ボールの前に立っている。彼らはこの荷物を、汚染と二〇一三年の冬の寒さと闘うフクシマの作業員に届けようとしていた。この時期、原発労働者の待遇のことを心配する人はそんなに多くはいなかった。私が吉川彰浩に連絡した時はまだ冬で、彼は忙しくて私と会う時間がなかった。最終的には、彼の取材は七月のある朝、植田の町で行なわれた。町はシャッターの下りた大通りと、駅と山裾と海岸線に挟まれた小綺麗な商店街とが碁盤目状に織りなし、寂れてくたびれかけていた。彼は気楽に話せる喫茶店を指定したが、この日は閉まっていた。困ったことに、半分眠っているようなこの町では、見たところどこも空いていなかった。そういうわけで、インタビューは車の中でやることにした。彼は、昔の話から始めた。

慎重に理性的に言葉を選びながら、吉川彰浩は三月十一日以前を語ることを忘れなかったが、彼の言葉から察するにそれは人生最良の時のようだった。簡潔で、さらに明瞭で、そして確かな幸せの時、それは少年時代にまでさかのぼる。吉川彰浩は原子力の申し子なのだ。原子力平和利用への盲信を表明した日本が生んだ子供である。日本列島における原子力の最も熱烈な擁護者、数年前まで世界最大の民間電力会社であった日本のエネルギー企業の巨人にすべてを依存していた少年、であった。吉川彰浩は、東電、株式会社東京電力に教育を受け、雇用され、給料をもらい、愛《いとお》しまれさえしてきた。

彼は十五歳で東京の東電学園高等部に大家族の一員になる形で入学した。この学校は現在閉鎖されているが、東電が経営していたもので、生徒の生活一切の面倒を見ることにより東電の将来の社員を養成していた。吉川にとって、これは願ってもない話であった。彼は、貧しい母子家庭に生まれ「苦しい家計の中で」、女手一つで育てられた。日本ではしばしば重い負担になる教育費を、家族は払わずに済むのだ。さらに東電は、毎月三万円を支給してくれた。「それはすでに東電の社員になったようなものでした。安定した生活を保証されたのです。私は一人で生きていくことを学び、わずかですが母に仕送りもできるようになりました。この学園に入って、卒業したら就職も間違いない、と思いました」。吉川は控えめに述懐する。

最初の二年間、通常の高校教育と同じ科目の授業を受け、それと並行して電力エネルギーに関する専門講座を受けた。よりプロ志向の講座だった。生徒は、火力発電、水力発電、原子力発電の講座のうちからどれか一つを選択しなければならない。彼は、三つ目の科目を選んだ。十八歳で東電学園を修了する。就職は保証され、日本有数の大会社の一つに安定雇用された。つねにエネルギー資源を求めて止まないこの国で、会社の未来に不安などあるだろうか？　五〇年代以降、政界、産業界、マスコミはこぞって、後進地域の市町村に恩恵と繁栄の源を分与する原子力の素晴らしさを絶賛してきた。この原子力ニッポンで、原子力発電の将来性を疑う必要がどこにあるだろう？　原子力で動く小さな主人公、鉄腕アトムのような科学の進歩の素晴らしさを楽しく描くマンガやアニメ文化を否定するのか？　確かに、一九七九年三月、アメリカのスリーマイル島で事故が起きた。しかし日本ではむしろ、一九八九年四月のチェルノブイリの惨事の方が話題になった。この時期、吉川はまだ六歳である。しかも、ウクライナははるか遠い別世界であった。当時の劣化した政治体制の下で危機に瀕していた共産主義帝国で、事故は恐るべき人的ミスと欠陥システムが原因で起きた。したがって、順調に動いている原子炉施設、優れた工業力、ノウハウ、専門性を持った日本と同列に扱うことができるだろうか。そして、一九九九年に吉川彰浩が社会人としての人生をスタートした時、チェルノブイリ事故は忘れ去られたわけではないにしても、少なくともいい加減なソビエト体制時代の過去の話として片付けられていた。彼は東電学園を卒業し、東京を離れた。聡明な田舎の少年は東北に戻って福島第一原発に就職し、その後第二原発に移った。天涯孤独だった少年は家庭を持った。そして、原子力ムラの村人になった。こうして彼は、確かな幸福に包まれたこの村で十二年暮らすことになった。

二〇一一年三月十一日、この完璧な秩序が揺らぎ、そして崩壊した。十四時四十六分の衝撃波の四十三分後、福島第二原発に波が押し寄せてきた。この瞬間をとらえた数少ない映像を見ると、泡立つ波が駐車場と建屋に流れ込んできている。波は高さ十四メートルに達していた。「津波は原発の二階まで上がってきました。大きな揺れがあって、私たちは会議を中止したところでした。一時間以上の間、波が引くのを待ちました。建屋内に避難し、事態が収まるのを待ちました。余震は止まりませんでした。この自然災害を前に、私たちはパニック状態に陥っていました。津波で、建屋はひどく損傷していました。沿岸の集落が大丈夫かどうか心配でした」。吉川彰浩は、感傷的というより正確に証言するような、ほとんど抑揚のない声で起きた事を回想している。何度も会って、メールのやり取りをした中で、彼は単純化や安易な短絡化や「センセーショナリズムに走るジャーナリスト」を警戒していた。私見にこだわらずにあらゆる出来事を時系列的に正確に話すために、彼は時間が欲しいと言った。私たちは快諾した。東電の元管理職が自分から進んで証言したいというのは極めて稀なことだ。

東電は、家族のところに戻りたい者にはその機会を与えた。吉川は同僚の職員と残る方を選んだ。そこで社員たちは、自動停止した四基の原子炉の状態を確認するために動き出した。修理し、清掃し、安全性を回復させた。三月十四日、福島第二の原子炉は安定化し冷温停止に至ったのであるが、この頃約十キロ北で何がはじまろうとしていたかは、まったく、あるいはほとんどわかっていなかった。

地震の二時間後に非常事態宣言が発令されていた福島第一では、大変な惨事になっていた。炉心溶融が始まったのである。三月十二日、水素ガス爆発で原子炉1号機建屋が損壊、コンクリートの壁面が吹き飛び、上階部の鋼鉄構造がむき出しになった。二日後、新たな爆発で3号機の屋根が吹き飛んだ。三月十五日は暗黒の日になった。4号機建屋と2号機建屋の爆発に加えて、原子炉4号機に火災が発生したのである。損壊現場の入り口付近の放射線量は毎時一万一千九百三十マイクロシーベルトを測定した。原子炉3号機周辺では線量計のメモリはパニック状態になり、一時間四百ミリシーベルト、つまり原発労働者に許された年間被ばく線量の上限の二十倍に至った。吉川は振り返る。「第二での東電の作戦ははっきりしていました。上司はこう言いました。『第一が危ない。残りたい者は残れ。だが、家族が大切な者は行け』と。最低限の人員を動員するのが東電の方針でした」。

三月十一日には、半径二キロ以内の住民に対して直ちに避難命令が出された。そして翌日、菅直人首相は、避難区域を福島第一は半径二十キロ、第二は十キロにまで広げた。地域から人がいなくなった。数千人が、家と畑と家畜を放棄した。まだ誰も、これが終わりなき旅の始まりになるとは思っていなかった。放射能の雲から大量の放射性物質が落下した浪江町に住んでいた吉川彰浩は、家族と義理の両親を三月十四日、東京郊外の埼玉県に疎開させた。彼は残った。冷却システムが津波で損壊したため、若き管理職は原子炉冷却用水の補給活動に張り付いて、汚染水のリサイクル作業を始めた。「汚染で死ぬのが怖かった。私たちはパニック状態でした。大変なストレスでしたが、同時に東電と下請け会社の社員の間には状況を鎮静化するのだというモチベーションがありました」。彼は、換気扇、窓、ドアをセロテープで塞ぐために駆り出された職員の一人でもあった。「作業員はみんな『ここであきらめたら、第一と同じ危機に遭遇することになる』と言っていました」。この日、彼は冷却水の問題を解決するために、井戸や貯水池を探し求めて一晩中屋外で走り回った。「私は相当被ばくしており、非常に怖かったです。自衛隊も救援に来てくれませんでした。でも私たちは何とか冷却水を確保し、炉心溶融を避けることができました」。

非常緊急事態を切り抜けた吉川彰浩の前にいくつかの問題が現出した。大災害によって、それまで順調だった彼の仕事の世界が完全に空中分解してしまった。原子力の大世帯は非常に厳しい試練に立たされた。「住民は放射能のせいで家を追い出されてしまいました。原発の労働者もこの危機の犠牲者で、時には二重の意味でそうです。大部分は原子炉のすぐそばに住んでいましたから、家は捨てねばならないし、それでも原子炉の真下で働かねばなりませんでした。そして一番のベテラン作業員たちは、真っ先に過剰被ばくしたため、仕事を続けることができませんでした」。破壊された原発に何週間もとどまった者の中には、大量の放射能を浴びた者がいた。東電と下請け会社の職員八百二十五人は、二〇一一年三月から二〇一二年四月の間に五十ミリシーベルト以上被ばくしている。原発のオペレーターが発表したこのデータは、要注意だ。この数字は作業中に急ぎ計測された可能性が非常に高い。すべての作業員の現実的状況を反映しておらず、一つの線量計を数人で共用した者もいるし、何としても現場に残るために、意図的に被ばく量を申告しなかった者もいるからだ。だが、遅かれ早かれ、みんな作業をやめねばならなくなる。放射能が怖くて出て行く者もいたし、危険な仕事を拒否してやめた者もいた。後者の場合は、「嘘とは言わないが、作業員に対して誤った状況説明を管理職にさせていた、東電の非常に拙い伝達」を彼らが受け入れなかったからだ、と吉川彰浩は言う。

十四年間にわたって、安全の専門家、ベテラン電気技師、放射能制御の特殊技術者などと協働してきたこの本社育ちの元管理職は、「建屋と復旧作業に、ほとんど、あるいはまったく資格のない労働者が」大量に乗り込んできたのを目の当たりにした。「彼らは、汚染水を入れるための仮設貯水槽、建屋、配管設備を大急ぎで建設し、津波に流された瓦礫や、地震と爆発による残骸の清掃をさせられました。素人仕事ばかりでした。腕の立つ労働者は、これでやる気を失くしました」。

いくばくかのお金に釣られてやってきた臨時作業員は倍に増えた。彼らは仕事の危険性をよく知っているとは決して言えなかった。福島第一という原子力のタイタニック号を救うために急がねばならない。負債を抱え、全面的な修理と補償の必要に直面して、東電は作業予算を切り下げる検討を始めた。そして、相場の最低ランクのオファーを優先して、無差別に下請けを雇った。「会社は作業員の質に関しては努力しませんでした。ミスと不手際と手抜き工事ばかりで、それが故障と水漏れが連続する原因になったのです。作業員は無能な素人ばかりだという噂と悪評が出回りました」。

このレベルダウンに吉川彰浩は力を落とした。以前は仕事が誇りだったのに、今や格落ちの、役立たずの、軽蔑される存在になったと感じているけれど、それを告白してしまうほど自尊心を喪失してはいないようだ。昔の雇い主に向けられた非難の中には、高慢さに対する侮蔑が込められている。「破壊されたのは原発だけではありません。インフラ、市町村、農地、交通網、家族や友人たちとの生活、福島第一の周辺二一キロに存在していた社会のすべてが破壊されたのです。東電は、これらすべてを再建し、原発の周辺に住んでいたベテラン職員を援助する責任があります」。コーヒーを前に、若き管理職は黙り込む。その視線は窓の外の枯れかかった灌木の花壇と無人の街路に向けられる。昔の同僚や親友たちのように、吉川は何もかも失ったのではないのか。

彼はみんなに代わって話すと言ったけれど、この朝、台風の後の湿り気の中、植田町で彼が自分のことを話した時、やはり彼自身のことがまず気になった。それは、この東電の管理職が、二〇一一年三月十一日の後、地獄に突き落とされたからだ。忠実な社員だった原発の子は、原発難民の標的にされ、すべてを失い、原発状況の気休め論、健康リスクや食品の危険性の過小評価、政府と監督官庁の責任者不在などに我慢ならない。十二年間、会社に最善の忠誠を尽くした挙げ句の果てに、吉川は混乱を引き起こした張本人の片割れと見られている。町内でも通りでも会社でも地方でも日本のどこでも、ましてや生活まで電力会社に頼っていたが、今ではツケを払わされているこの片田舎ではなおの事、みんなそう思っている。人は言う。「死ぬまで働く気か?」ある日こんなことまで言われた。そのしばらく後、また言われた時はもう度を越していた。「くたばっちまえ、放射能で死にやがれ」。知り合いの一人の原発の職員は、吉川の親族と一緒に体育館に避難していた時、憎悪の目で睨まれ、侮辱の言葉を浴びせられた。また、親族の一人は顔にゴミを投げつけられた。そうなると、子供や妻がハラスメントを受けたり村八分にされたり、これ以上辛い立場に追い込まれるのが耐えられずに自分の仕事先を隠す者もいる。団結し、仲良く手をつなぐ日本、というイメージは大災害を前にして消えた。

確かな幸福の時は、間違いなく終わってしまった。自宅が汚染地域の浪江町にあるので、九ヵ月間宿無しで生きてきた吉川は、家と仕事を捨ててこの地を去った仲間を見てきた。「このような空気が支配する中で、彼らに残れと言うのは難しかった。そして、会社に残っていても状況は少しも変えられないことに気がついたのです」。二〇一二年六月、会社でもヒマで一人暮らしだった彼は、退社して労働者支援を始める決心をした。「この状況になったのは、職員のせいではなく、東電の経営者のせいです」。彼は「気になる原発の」状況についての情報、彼が熟知している原発労働者の状況についての情報を発信し、「間違った情報を正し、苦しんでいるこれらすべての労働者に対するデマや差別を無くし」たいと考えている。彼は、労働者の一人で被ばく線量の上限を超えてしまい仕事を失って落ち込んでいる人が、解雇された翌日に言った言葉を引用した。「彼らは、私たちを使い、いらなくなると捨てる」。

吉川は、最初のうちだけは福島市といわき市地区で情報集会を開いた。続いて、二〇一三年の十一月に高校時代の同級生とＡＦＷ（Appreciate Fukushima Workers）を設立した。寄付を募り、物品や衣類や冬の寒さに備えてあんかを集めたり、例えば広野のような原発周辺の町の活性化をはかり、住民グループがオリーブオイルを売るのを援助したりしている。

現在彼は植田町を拠点にして、人生の再出発を目指している。自分のことをあまり話さない控え目な彼は、孤独な印象を与え、この取材を通して私が出会った労働者たちと似通ったところがあるが、それと同時にしばしば日常性の中に沈潜し、放心状態であらぬ方を見やっている。彼は、アイロンの効いた管理職の制服から普通のジーンズ、シャツ、セーターに着替えた。東電の社名入りのジャケットを着た人間から、無名の普通の人に変わった。彼のパソコン、レノボはもう離せない。彼はパワーポイントを駆使して、その任務と仲間の任務をインプットする。時間をかける。言葉が解き放たれる。きれいな手が忙しく動く。教育的で、正確で、礼儀正しく、「センセーショナルなものばかり探す」マスコミとは一線を画す。吉川は説得したい。すべてが手遅れでも、助かる見込みがなくとも、やり方と心構えを変えれば必ずしも望みが無くはないことを。これは大変な仕事である。模範的社員が、調和を求めて人道的慈善活動家、誠実な市民運動家に変身したのである。彼は、東電と下請け、国と地方の共同社会の間に存在する任務と役割に全員が参加し、最善の形で分かち合ってほしいと思っている。彼は、住宅建設、休暇施設、店舗、レストランの建設、行政機関や病院の再開などによる、原発周辺の市町村における労働者のための新しい環境づくりを主張する。「ここ二年で広野は住めるようになりましたが、住民の三割しか戻ってきていません。大多数の労働者はいわき市と原発間のルートを使用して毎日三時間も無駄にしています。馬鹿げています」。

住民が去ってしまった地域は、除染作業とフクシマの原子炉解体以外には仕事の展望が皆無だ。「若い人たちは戻って来ないし、残った者は原発に仕事を求める以外に選択肢はありません。これではモチベーションは高まりません。こんな状態で、四十年もかかる解体作業の間、労働力不足の問題が深刻化しないようにするなんて無理です」。

吉川彰浩は眼鏡の奥で、指摘し、列挙し、計画し、勧める。彼のパワーポイントはシンプルで教育的で、模範的管理職そのもののようだ。彼は一人悩み抜いたが、一方の足を中に、もう一方の足を外において、昔のファミリーとの絆を決して断たなかった。彼は常に東電とコンタクトを保ち、東電は彼の活動を見本として扱い、寄付の品物を持ち込むためにJビレッジに入る許可を与え、作業員とも自由に面会させている。おそらく彼は、電力会社に恩義を感じており、みにくいアヒルの子にはならなかったのだ。私が、あなたは人生をかき回したこれらすべての出来事のせいで反原発派になったのですか、とたずねた時、彼はしばらく黙って、それから困惑したように笑った。何とか答えて欲しかった。「難しいな。原発で働き、それで生活している人をいっぱい知っていますから。友だちもいるし仲間もいます」。彼は窓の外を眺め、少しの間黙っていたが、私の方を振り向くと、言った。「この国から原子力エネルギーがなくなればいいと思います」。

原発の子は、原子力に幻滅していた。

第 10 章　フクシマをつくった男

10. L’ancien apôtre de l’atome

彼は、存命する福島の原子力発電の生みの親の一人である。名嘉幸照《なかゆきてる》は東北エンタープライズ会長である。彼は、アメリカの巨大企業ゼネラル・エレクトリック社（GE）が七〇年代当初に原子炉1号機と2号機、そしてその後の6号機の建設を行なった際にスタッフとして福島に来た。その後、彼は原発の主要技術陣の一人、また東北地方における原発セクターの中核的存在としてこの地に残った。事故に遭う前の話である。ある日の午後、いわき市郊外の彼の会社で会えることになった。

ネオンサインの社名看板がついた倉庫、広い駐車場、忙しく働く従業員にトラック、といった情景を想像していたのであったが、それは交差点の一角に建つ、大きな四角い無味乾燥な建物だった。この地区は洋光台といい、東北エンタープライズ本社はセメント製の大きいキノコのような白い丸屋根の下の、周囲がガラス窓になった元レストランの建物に入っていた。海岸から一キロもないだろうか、潮風が高台の木立に吹き付けるこの辺りは、いわき市の住宅街だ。うとうとしている住宅地の静けさに、聞こえるのは下校後に公園で遊ぶ数少ない児童の喚声だけだ。近くには、食堂、森、池、診療所、商店などもある。

メンテナンスと建築機材販売を営むこの会社は、事故後に場所をいわき市に移した。富岡市にあった社屋は福島第一から数キロのところにあり、汚染されて立ち入り禁止区域になった。木と石造りの美しい本社建物は放置されたままになっているが、健在である。私は、名嘉幸照が新しい本社の玄関を入った所の梁の上に、来客のために飾っている写真でそれを見た。戸棚の上には、備忘録形式のカードに「富岡に戻るのを忘れるな」という目標の意味を込めたメッセージが書いてある。富岡といわきの往復。過去と現在。名嘉幸照はこの二つの街の間を行ったり来たりしている。古き良き昔と島流しの今日、アイパッドに並ぶ富岡時代の写真と元レストランに仮住まいの会社との間を。

名嘉幸照が社内に入っていくと、仕事中の十人あまりの社員が全員椅子を立って、東北エンタープライズ創業者である会長に最敬礼する。大黒柱はご満悦だ。彼は靴を脱ぎ、専用の布製スリッパに履き替える。一九八〇年創業の会社を息子の陽一郎が引き継いでからも、父は会社のトップとしてのしきたりと慣習を守る。この小肥りで明朗な人物は、流暢な英語で握手を求めてきた。辞去の際も、前腕部をポンポンと親しく叩いてくれた。親しい仲以外では、また初対面の時などは遠慮して相手の体に触れる習慣のない日本では、こういう所作は非常に珍しい。こんな時の名嘉幸照は、日本人の社長らしくない。日本の社長さんは、近づきにくくて慎重なのが普通だ。彼はゼネラル・エレクトリック社に籍を置き、イリノイ州と西海岸の饒舌でストレートな気質と、この東北の米作地帯には不似合な身振り手振りと、アメリカン・イングリッシュを身につけた。この感じの良さが、田舎の風土での人付き合いにどれほど役立ち、人間関係の潤滑油になったか想像に難くない。彼は熱いコーヒーをぐびぐび飲み、メビウスを吸いながら休むことなく話し続け、携帯電話とアイパッドを交互に操り、日本語と英語を巧みに使い分ける。耳の後ろの補聴器が物語っているように、年月の重みとストレスと疲労の跡が残されているけれど、このプラグマチスト技術者は躊躇せず本音を言う。

その昔フクシマをつくった男は、フクシマの事故によってその信念が揺らぎ、行動的ペシミストに変わった。二〇一一年の原子力の危機と脅威を見抜けなかったからだ。「自分一人だったら、二十年前に会社をたたんで漁師になっていたでしょう。福島第一と第二であまりにも多くの故障とトラブルを目撃しました。しかし、私には従業員がいます。みんなこの土地の出身です。彼らには生活がある、だから私は続けます」。ひょっとして長老の名嘉は、生き直したいという気持ちを抱いて、過去を反省しているのかもしれない。情熱的なこの人物が、おんぼろの小舟に乗って沖に漕ぎ出す姿はまったく想像できないが、失敗が証明されて終わってしまった企業家としての人生を、真剣に振り返っているようだ。

東北エンタープライズには今、五十六人の社員と約三十人の契約社員がおり、建設現場と、危険と隣り合わせの原発内の安全管理、保守メンテナンスと危機管理などを担当している。そして、計測、揚水、備蓄、清掃等の設備機器を輸入販売している。会社が所有するプログラム仕様と三十五年の経験は、同社を大会社東京電力の特権的なパートナーの位置に押し上げ、何年か後には元請けにまでなった。名嘉は原子力部門における選りすぐりの職員を擁しており、自分の子供のように彼らの面倒を見ている。最初のうちは、名嘉は私を社員たちに会わせようとしなかった。それは、彼らを世間の目にさらしたくなかったのと、自分の会社を「原子力業界の大団結」を壊すような存在に見られたくないという警戒心と不信感からで、この場合、日本では往々にして沈黙することになる。ある日、電子メールのやりとりの後、通訳の龍介と私が社員の名前を絶対に明かさないという条件なら会わせてもいいと言ってきた。その数週間後、彼の気がまた変わった。原発で、労働者が二人死んだという話だった。これですべて「ややこしく」なった、と名嘉は言う。これでまた沈黙に戻った。

これは企業とその社員の評判が関わる問題で、名嘉は社員が相当な覚悟でこの仕事をしていることを忘れない。これまで、事故で一人死んでいる。このほかに、福島第一で定期的に働いてきた七人の社員がいるが、特に彼らは東電の管理職の一部を構成しており、二〇一一年の事故後の数ヵ月間に百ミリシーベルト被ばくしている。「彼らは、防護のために配置転換しました」。原子力関係の業界言葉では、これは解雇を意味する。「銀行と同じで、貯金はすぐ使ってはいけない。社員をまたすぐに副次的な作業をさせて被ばくさせないよう気をつけねばならないのです。いざという時のために、作業員を確保する必要があるし、低線量被ばくの影響については結局のところあまりよくわかっていないわけですから、被ばくは低レベルに留めておいたほうがいいのです」と名嘉幸照は理論的に説明してくれる。

名嘉社長は「予備兵」を管理し、その資産を監視する。彼は、たっぷりのコーヒーを飲みほすと、立ち上がってスチール製のロッカーを開け、分厚いファイルを引っ張り出した。それは、東北エンタープライズの社員の年間被ばく線量と内部被ばく線量比率を添えた一覧表や名簿だった。索引で月別の数字をたどる。「東電の原発にとって重要な三職員。原発特殊電気技師、原子炉運転技師、発電所保守管理専門有資格者」の被ばく状況に密着してフォローされている。四十歳から四十五歳のこの三人は、東北エンタープライズ社の持つ付加価値的存在である。損壊現場がすべて安全性を二の次に、経費を抑え、急ぎの手抜き仕事に突っ走っている時に、彼らは名嘉が安心してまかせられる専門的能力を備えている。収益性志向の流れの中で、彼は「ほとんど原発の仕事が何たるかを全然わかっていない土建屋とその作業員がやってくるようになって」から横行しているやっつけ仕事を罵倒する。「動作一つとっても、また単純な施工でも、この仕事では必須の専門性と精密さが欠けています。汚染水貯蔵タンクの故障や、数キロに及ぶビニール製パイプの水漏れ事故があまりにも頻繁に起こるのもそのためです。十分な注意と確認がなされていません。現段階でも、安定性のない仮の設備による付け焼き刃の状況で、大変心配です」。これでは、二〇一一年三月に炉心溶融が始まった原子炉1号機、2号機、3号機の現在の状態、数十年を要する原発解体作業の先行きにも大きな不安が横たわる。

これは、情熱的で献身的な技術屋を自認する、鋭い眼力を持つ技術者の発言である。「制御棒調節、励起装置、再循環ポンプ」などの言葉は専門技術用語で定義が明確で、名嘉幸照が七〇年代から見てきた出来事に回帰する。彼は「異常事態、製造上の欠陥、保守管理の不全、九割が人為ミスによる瑣末な事故」を見てきたと言う。一九八八年十二月に福島第二で起きた原子炉3号機の事故を彼は思い出している。「再循環ポンプ内のタービンが故障して落ちて、金属片が炉心の中に入ってしまったのです。ポンプとモーターでの異常な振動を察知して、私はすぐに出力を下げるように東電に助言しました。すると、年末で電力が必要な時期だからそれはできない、と言われました。あの時は、とても眠れなかったですよ」。名嘉は昨日のことのように憶えている。「私は一ヵ月間、同じ要請を何回も繰り返しました。とうとう東電が運転を停止することを決定した時は、胸をなでおろしました。修理はその後二年近くかかりました。私は、金属片が原子炉格納容器を傷つけるのが怖かった。フクシマのような沸騰水型原子炉には非常に経験豊富な技術者と五感を研ぎ澄まして監視する作業員の存在が欠かせません」。

　名嘉幸照は自分が何を話しているか、その意味を熟知している。彼は、沸騰水型原子炉の取扱説明書を初めて日本語に訳した人物だ。東北エンタープライズ本社の戸棚の上に古びた赤い布表紙の小冊子が眠っている。七〇年代に訳されたものである。名嘉は当時、ゼネラル・エレクトリック（GE）社の社員だった。沖縄出身の彼は反米闘争に関わっていたが、機械工として貨物船に乗り世界放浪の旅に出た。その時、かつて原子力潜水艦に乗っていたというアメリカ人の船員にアメリカのゼネラル・エレクトリック社の門を叩いてみたらどうだ、と言われた。彼はGEに採用され、猛勉強してイリノイ州の沸騰水型原子炉研修センターで十三ヵ月間、原子力について学んだ。その後、カリフォルニア州サンノゼにあるゼネラル・エレクトリック社の原子力部門に配属された。彼は一九七三年に日本に帰り、福島県に来た。福島第一では、原子炉2号機が試運転中であった。6号機の準備作業が始まったばかりでもあった。技術者で、沸騰水型原子炉の専門家でもあり、英語も日本語のように達者な元船乗りは、原子力と外部の人間に門戸を開放するこの農村地帯では、瞬く間に不可欠な存在になってしまった。仲介者、調停者でもあった名嘉は、地元民とアメリカ人家族との、そして水田の世界と民間原子力産業との間を行き来するメッセンジャーの役割を担った。彼は、「地元民がお互いを知り合い、不信感を払拭するために」自分の家で寄り合いや宴会を開いた。この時期は、日本の原子力産業は米ゼネラル・エレクトリック社の後援で建設されていた。この七〇年代と八〇年代、都道府県はますます原発を歓迎していたが、福島も同様であった。日本の原子力ムラの支柱である東電は「原発を受け入れ、原発が安全であるという考えを擁護するために、世論操作をしていました」と名嘉は振り返る。何百万円ものお金が、開発と新しい住民と新しい産業を受け入れ、「信頼を買う」ために地元の自治体にばらまかれた。

富岡町の反原発活動家、石丸小四郎は、東電が即時的特典の利用の仕方をどうやって住民にわからせたか話してくれた。「以前は、みんな冬には東京か北日本に出稼ぎに行かなければなりませんでした。イチエフがやって来てからは、もう出かける必要はなくなりました。二十五万円(千八百ユーロ)の稼ぎがありました。ある酒場の主人が、労働者のおかげでこんなに儲かるのはかえって申し訳ない、と言っていたのを思い出します」。

お正月には、子供たちにお年玉を与えた。現地に住むアメリカ人職員の協力で英語教室が開かれた。「自治体当局と東電が、説明会に地元民を招待し、原発は全然危険なものではないと言っていました。われわれは専門家ではないので、これには何も言うことができませんでした。それに、原発を受け入れるように私たちを説得するのは比較的たやすいことだったと言わねばなりません。この地方はとても貧困でした。大熊町（原発がある二つの町の一つ）は『福島のチベット』とよく言われていたものです。満足に食えない日雇い農民がたくさんいましたから」。白土正一はそう語る。彼は避難民で、今はいわき市に住む年金生活者だが、元は富岡町市役所で十七年間、原発推進の仕事をしていた。皮肉にも、彼の仕事の一部は石丸小四郎の動静を見張ることでもあった。だが当時、石丸は孤軍奮闘していた。「原発は幸せと仕事をもたらしてくれると思っていました。われわれは鉄腕アトム世代で、このエネルギーは何ら攻撃的なものではないと本当に考えていました」。白土正一は続ける。「原発を推進し、信奉者を集めるため、自治体当局は戸別訪問をかけて仕事を斡旋しました。「彼らは、原発反対の人の子弟に募集をかけました。そして、地方にありながら東京と同じ給料を提示しました。若者たちはとてもいい暮らしができました。東電は雇用を作る膨大な力を持っていました。しかも、当時は東電に文句を言うのはタブーでした」。

幸いなことに、白土正一はもうこんなことは過去のこととして、原発に関して彼が知っているあらゆる問題点と放射能の危険性を指摘し続けている。彼は、たとえ生まれ故郷とはいえ富岡町には二度と戻る気はない。あまりにも危険だからだ。彼がひとくさり批判を述べた数分後、気味悪い長い横揺れがあり、コップや湯呑みが割れそうになった。仙台市からいわき市にかけて、広域に地震が発生したのだった。白土正一がテレビをつけると、どのチャンネルも番組を中断して、津波が発生する恐れはありません、と伝えていた。心配が本当になり、彼は過去に背を向ける。

六〇年代から七〇年代にかけて、日本の東芝と日立のコングロマリットが原子炉の建設の半分を担当したのであったが、フクシマは部分的にアメリカ人の手になる原発である。その事実の証拠と言えるものが、福島第一の南八キロのところにある宝泉寺境内の墓地に現存する。ここに、カリフォルニア州サンノゼ生まれで、ゼネラル・エレクトリック社の古参社員であったエドワード・クックの墓がある。一九六八年に来日したクックは、GEの総責任者として原発1号機の建設のためにこの地で三年間を過ごした。彼は、富岡町郊外の夜ノ森に住んでいた。彼はこの地に埋葬して欲しいと言って死んだ。一九七九年に亡くなる前に、彼は家族に遺言した。「私はあの土の一部となって、美しい花を咲かせたい」。

名嘉幸輝は仕事に行く途中、何度もクックの墓に足を運んできた。そして、二〇一一年三月以降は、誰でも彼のお墓にお参りできるように、原発をもう一度制御下におけるように休まず尽力してきた。クック同様、名嘉もこの野生にあふれた東北の田舎に愛着を抱いてきた。第二次世界大戦後七十年を経た今もなお、アメリカ軍に占領されている日本の果ての島沖縄の子は、フクシマが捨て去られ、その住民が東京の人間から半端者扱いされるのを恐れている。

オレンジ色の光が最後の輝きを放ち、一日が暮れる。太陽は洋光台の丘の背後に沈んだばかりで、社員も大方が帰ってしまった東北エンタープライズの社屋を薄闇が包む。コーヒーはもう冷たくなってしまった。名嘉は疲れも見せずに責任感について話すが、これは罪悪感と理解すべきだろう。彼が、四十年間負ってきたこの重責は、二〇一一年以降さらに重くなった。漁師になるのが夢だった技術屋は、もちろんフクシマ以後の人生と苦闘している。危機を予感していたのに、人為ミスと過失がトラブルの原因になり大事故を引き起こすことがわかっていたのに、それを聞いてもらえなかったことを悔やんでいる。「私は、何があっても守らねばならない安全を守れなかったのです。私たちの街も家も被害を被り、住民の生活はめちゃくちゃにされました。私は、このすべてに大きな責任を感じています」。

彼は、従業員たちのこと、地域住民のこと、そして最悪の事態を避けようとして、東北エンタープライズの職員を懸命に援助してくれた多くの人のことを心配した。「みんな、生まれ故郷を捨てるなんてできないと言って、原発で働きたいと頼んできましたよ。涙が出ました」。大惨事の後、名嘉は車を借りて職員を運び、パンや缶詰などの食糧を補給してまわった。彼は、激震する原発で被ばくレベルを調べながら、とにかく大至急何とかせねばならない阿鼻叫喚の中で、臨時避難所に彼らの宿泊場所を急ぎ見つけてやった。地震と津波が去った後、社員のうちの若い父親二人が、家族を放射能の危険から守るために現場を去った。名嘉は二人の気持ちが完璧にわかった。それと同時に彼は、昔働いたゼネラル・エレクトリック社に連絡してフクシマに専門家を派遣してくれるよう頼んだ。ＧＥはその用意があると言ってきた。しかし、名嘉の推測では、政府と東電が二の足を踏んだのだ。技術者名嘉はこのような危機に際して、多くの政治責任者と専門家が下した決定を厳しく断罪する。

名嘉はメビウスに火を点けながら言う。「原子力企業と政府は、つねに危険を過小評価する傾向があります。しかしながら、二〇一一年よりずっと以前にも事故はあったし、当局に警告を発するような出来事があったのです。二〇〇四年のインドネシアの津波を憶えているでしょう。危険はわかっていたし、沿岸部に実に多くの原発が建てられている日本では予想は難しくありません。二〇一一年三月の津波で、福島第一と第二の給水ポンプ、発電装置、機器類が浸水して何が起こったか見たはずです」。

彼はごく落ち着いて総括する。おそらく名嘉幸照はもうあまり元気がなくなったし、気力も失せた。何回か会い、メールを読んで、人生の秋にさしかかっているこの人物は、自分を裁いているのではなく、点検しているような、管理職の白髭幸雄のような、方向性を探し求めている印象を受ける。彼は、すべてを原子力のために捧げてきた自分の、技術者としての、また会社社長としての年月だけではなく、この数年間の生き方を反映した姿を「外国の新聞」に向けて語りたいとおそらく思っているのだろう。

彼は、自分の言ったことがカットされてからというもの、日本のマスコミには何も喋らなくなった。彼はある短いインタビューで、「フクシマは人為ミスが原因で起きた惨事だ」と厳しく言った。これは日本の専門家委員会にとってはとんでもない問題発言であった。この部分が、本番でカットされた。だからこそ彼は、「原発業界の大同団結」に再び突き当たったのだった。原発関連の安全に関して、決して理由を明らかにせずに現実にいつも繰り返される回答拒否、この内輪の一致団結主義と根拠のない自負に対して、「原発をテーマにしたオープンな議論を持ち込むのです」。「私は、人生の大半をこの業界で生きてきましたから、原発の利点と悪い点を議論するのにはあまり適していません。しかしながら、一般人には生命を危険にさらす原子力エネルギーに関する正確な情報を知る権利があると言いたいのです。原子炉を再開しようとするのなら、これが基本原則です」。

名嘉は、持論を一方ではプラグマチックに論理的に、一方で思慮深い経営者としての立場で展開する。彼は、日本政府が事故原因の調査が終わっておらず、事故の影響が継続するにもかかわらず、原子力信仰と日本経済の全方位救済の名の下に、国内での原発の再稼動と、この日本の技術力を海外に売り込む考えでいることが理解できない。名嘉は言う。「原発を建設する時は、放射性廃棄物と使用済み核燃料の処理の仕方を知っておくことが重要です。また、テロリスト対策も考えておくことが必要です。この要請に応えられないのなら、国内は当然のこと、原子炉を輸出するということは考えられません」。

名嘉は、黄色くなったページに技術的メモをぎっしり書き込んだ、彼の沸騰水型原子炉取扱い説明書を手の平で撫でる。かたわらのアイパッドには、海を前にした緑の野菜畑の写真がディスプレイされている。これは名嘉幸照が、福島第二から二キロのところにある富岡の自宅から毎日見ていた風景である。二〇一一年三月十一日、東北エンタープライズの会長は、黒い波が東電の原発に襲いかかるのを見た。それから、放射能の雲が広がり、すべてを捨てなければならなくなったのだ。

第 11 章　日本原子力ムラ

11. Genshimura, le village nucléaire

エレベーターが開いて、青みがかった照明のロビーに出る。ワックスをかけたリノリュームの黒っぽいフロアにネオンの光の輪ができて、ぼやけた暗闇にすぐ呑み込まれていった。この全体的な薄暗さは、一日が終わったような、あるいはまだ残業しているような妙な雰囲気で、音を立てるのも憚られる。経済産業省の朝は早い。国家公務員たちは忙しげに働いているが、照明は必要最小限に抑えられている。日本の他の官公庁と同じく、経済産業省も見本を示さねばならず、省エネを実践しているところを見せなければならない。この島国は今、無駄を抑えようと孤軍奮闘している。日本はもう、新宿や大阪の、真夜中の一番暇な時間帯ですら真昼間のように明るい、店舗やパチンコホールがけばけばしいネオンと音をがなり立てる眩しい大メガロポリスの国ではなくなりました、と言いたげである。

フクシマ、そして電力量四七・五ギガワット（フランスは六三ギガワット）の生産能力を有する総数五十四基の原子炉の操業が停止されて以降、確かにエアコンの使用度が減少し、照明が制限され、不要なエレベーターやエスカレーターの使用が停止された。二〇一一年夏、日本ではエネルギー消費の二十パーセントの削減が実現されてもいる。そして、原子力発電による電力の二十七パーセントの喪失を補塡し、石炭、石油、液化天然ガスの輸入の五割急増による国際収支の赤字転落を避ける必要が急遽発生した。

しかし、それだけでは電力の浪費天国には焼け石に水で、もっと何らかの対策が必要だ。人は、やる気の問題だと言うだろう。このやる気は長続きしない。心地よく冷房の効いたタクシーから降りた途端、七月の熱帯のような湿気に熱ショックを喰らったり、暖房の効いたオフィスから外に出ると、寒風に雪が舞う日々がまた始まる。そんな二月のある朝、頑固な風邪を患っていた私は、東京の街を重い足取りで歩いていた。現在、経済産業省も減量経営中だ。責任と義務の問題である。二〇一一年三月十一日以後において、ここよりましな見本を示せるお役所が日本に存在するだろうか?

エレベーターの右に、長い出口のない廊下が延びていてドアは全部閉まっている。中に一つだけ開いているドアがある。中は会議室になっていてU型のテーブルあり、椅子が並べてある。ここで、若くて優秀な男女の官僚と会う約束だ。彼らと二〇一三年の二月に会った時は、二人とも経済産業省に属する資源エネルギー庁*にいた。男性の方は、電力ガス事業部原子力政策担当副部長、河本順裕、女性の方は原子力政策課課長補佐の鈴木瑠衣。日本の官公庁、企業の九分九厘が、家父長制に忠実な男子優先でやってきた例に洩れず、ここもトップは男性で、女性はその次だ。課長補佐、副部長、部長付き、呼び方はケースバイケースだ。しかし女性は、つねに一歩下がった日陰の存在である。経済産業省も例外ではない。鈴木瑠衣は、知識も力量においても河本順裕

＊資源エネルギー庁：経済産業省の外局の一つ。石油、電力、ガスなどのエネルギーの安定供給政策や省エネルギー・新エネルギー（原子力、太陽光、風力、スマートコミュニティ等）政策が所管。一九七三年の第一次オイルショックを契機に、当時の通商産業省の鉱山石炭局と公益事業局を統合する形で設置された。資源エネルギー庁の特別機関の原子力安全・保安院は、二〇一二年九月に廃止され、環境省の外局、原子力規制委員会に移行した。

に引けを取らない。語学は上司よりできそうだし、目先も効くようだ。だが、まず口火を切るのは彼の方で、受け答えは彼が取り仕切り、事務的な数字や詳細がわからない時になると彼女に確かめる。

まずは日本式に、挨拶代わりの名刺交換だ。このお決まりの儀式を済ませたところで、核心を突くのを避けた曖昧な言い方が見本とされている国で、ずばり単刀直入でびっくりするような質問をぶつけられて、一気に原子力ムラのど真ん中に引きずり込まれた。「おたくは、原子力エネルギーに賛成ですか、反対ですか?」と来たのだ。この質問は、尋問だ。これには面食らった。昔読んだ良書、アラン・マクファーレン*の『謎の日本』(英語原題:JAPAN, Through the Looking Glass:邦訳『鏡の国の日本』)の中の言語についての一節を思い出す。曰く、「(日本では)二元論的思考は、とくに意見を対極化する可能性を有している場合、一般的に嫌悪すべきものとされている」と、イギリス人人類学者は書いている。つい笑ってしまった。今朝はどうも日本にいるとは思えない。それどころか、まるで本音むき出しのビジネス交渉をしているようだ。それとも、相手はガイジンだから何でも構わないとでも。それもあるかも? しかし、ある日本人ジャーナリストの友人にこの話をすると、「この露骨な言い方は、よくある事だけど不躾だね」と言っていた。

質問は、婉曲でもひねった言い方でもなかった。直截的で決定的な返答を求めるものだったが、これには答えられなかった。脅迫的な質問は不愉快だ。そして何よりも、日本の電源ミックスの将来に関して『リベラシオン』紙に書く記事に、私自身の原子力についての立場がどこでどう関係すると言うのか理解できなかった。しかしとにかく、私は要注意的存在なのだ。河本順裕は、調査資料を用意していた。「リベラシオンは極左に近い新聞ですね？」と、もうわかってるんですよといった得意げな顔でちくりと言った。私は内心可笑しかった。経済産業省の官僚が用意した資料はうっすらナフタリンの匂いがした。おそらく、彼も私も知らない過去から引っ張り出してきたのだろう。私は、全国日刊紙でフランスではイデオロギー的に主要な立場にある新聞だということを簡潔に自己紹介した後、テーマをエネルギーに戻し、私の新聞がフクシマ以降、一定の無関心層と「気にしない」層がいる中で原子力推進派よりもやや反原発派擁護かもしれない少数派だ、という事実を述べた。河本順裕は、顔色一つ変えず頷いていた。この場のことを思い出すと、原子力エネルギーについての私の立場次第であなたは答えを変えるのですか、と訊く知恵がどうしてあの時浮かばなかったのか残念でならない。当意即妙とはいかなかった。

即興的対応は日本流ではない。日本では、取材対象は不意打ちを食らわないために、またヘマ

＊アラン・マクファーレン：（一九四一～）イギリスの人類学者、歴史学者。ケンブリッジ大学キングスカレッジ名誉教授。イギリス学士院、王立歴史協会会員。近代世界の起源についての比較人類学研究を主要研究テーマにし、著書には、『イギリスの個人主義の起源』（一九七八）、『平和の残酷な戦争』（一九九七、イギリスと日本に関して）がある。日本、中国、ネパールについても著作があり、二〇〇七年には『鏡の国の日本』を刊行、福澤諭吉を論じた『近代世界の形成』、『イギリス個人主義の起源――家族・財産・社会変化』、『イギリスと日本――マルサスの罠から近代への跳躍』など著作多数。

をしないように相手の手の内を知っておきたがる。したがって、前もって調査し、確かめ、動きを探る。私はこの事には慣れていたし、時にはこれを利用することもあった。しかし今回は、すぐに気がついたのだが、話が違っていた。経済産業省の官僚は、二〇一二年秋の総選挙以来、親原発政策を明瞭に打ち出してきた安倍晋三首相が権力の座を確固とさせた段階に至り、その原発信仰を、曖昧さを排除して展開していこうとしているのだ。安倍晋三自民党総裁は、「二〇三〇年まで、原発の無い社会」を真摯に議論しつつアピールしてきた民主党に真っ向から対抗している。

サラリーマンの制服、黒っぽいスーツにネクタイの河本順裕は義務を果たす。彼は、「安倍自民党は、このエネルギー確保の決定的問題を単に国民感情だけで語る民主党とは異なり、あらゆる次元で考えています。稼働している原発が二ヵ所しかなく（二〇一三年初頭）、日本は天然ガス、重油、石油を年間三百億ドル輸入しなければなりません。もちろんこの二人の官僚は、フクシマの事故から二年経った原発施設の安全を優先させる、と念を押す。「地域住民と自治体に原発の再稼働の必要性を説得するためには、この安全性は不可欠です」。彼らは、原子力業界の新しい見張り役である原子力規制委員会が「三年以内に原子炉を再開するという選挙公約を守るために最善を尽くす」ことを期待している。これはある意味で、圧力とは言えないか。当然、原子力規制委員会は施設の安全を裁定できる権限を有する唯一の機関である、と河本順裕は断言する。彼は、原発再開のためには時間をかけねばならないが、新たな原発の建設のための時間の必要性に言及する。議論は煮詰められ、出来上がっているように見える。この経済産業省の幹部は、一歩後退、二歩前進で話を進める。彼は微に入り細にわたって、国内原発の再稼働が不可避なことと、これから基本的基準に従って設定される安全基準への信頼を、じわりじわりと繰り返す。日本はフクシマから学んだのであり、この経験は教訓として伝えていくこともできる、といった論法なのだ。巧緻で、数字に裏打ちされ、論証されている。これが、歴史的に日本の産業界、いわゆる系列企業群と手を携えながら、一貫してこの国の産業と経済の運命を左右してきた行政官僚の帝国、経済産業省の見解である。経済産業省、政府機関、内閣官房が日本原子力ムラを支える三本柱であり、国民の健康を見据えるのではなく、まずは経済の健康に関心が向いているという印象を与える。二〇一一年三月十一日の二周年記念日が来るか来ないかのうちに、すでに新しいページがめくられた。二人の官僚は、原子炉五十八基を有し、エネルギーの自立が原子力によって保証されているフランスの例を持ち出した。結局、日本の電源ミックスの将来的な話は少ししかできなかったが、これがこのインタビューの二年半後に議論されることになった。

私に与えられたわずかな時間が終わった。風邪でハンカチを手にしていた失礼を詫びて（日本では人前で鼻をかむのは無礼なことだ）、両人にいとまを告げた。長くて暗い廊下を通り、エレベーターに乗る。来客用の名札を返却し、金属探知装置付きゲートを通って、二月の凍てつくような風が吹く街路に出た。愛宕通りの角に、脱原発の垂れ幕をかけた小さなテントが立っていて、小型発電機を使っていた。若干名の運動家がいた。彼らの声は聞こえないし、姿も見えない。ガラスとコンクリートでできた経済産業省の要塞の足元で、彼らのビニールとキャンバスのテントは、官公庁の島で路頭に迷う出稼ぎ労働者の避難所のようだ。すべてを命令し監視する日本の省庁が集まる東京の、上品で洗練された地区、霞が関には似合わない。

この地区は、日本の権力の中心である。各省庁、皇居、国会議事堂、自民党本部などが、公園や手入れされた並木の歩道に挟まれた広い地域に肩を並べている。経済産業省から七百メートルの新橋駅に近い場所に東京電力株式会社がある。この隣同士の関係が、産業界と政界、高級官僚との馴れ合い体質を雄弁に物語っており、この「利権のトライアングル」がとりわけ原子力ムラの形容にあてはまる。東電本店はすぐにそれとわかる。福島第一を担う日本最大の電力会社のグレーの高層ビルは、バンデリーリャ（闘牛で牛に刺す飾り付きの槍＝訳者）に似た巨大な赤とオレンジ色のアンテナのトーテムポールを戴いて立っている。その姿は仰々しい。一千四百億円（百十億ユーロ）の損失を申告して、二〇一一年から国有化された雄牛、東電は死んでもいないし瀕死でもない。会社の周辺は、銀行よりも警戒が厳重だ。金網の窓に鉄の扉の警察の装甲車がつねにエンジンをかけて道路脇に待機している。受付に行く前に警備員に身分証を見せねばならない。仕事熱心な警備員の場合、鞄の中身や私物まで見せろと要求してくる。大事故の後、原発近辺の住民、株主、反原発活動家が東電本社の前に抗議にやってきて、その危機管理と虚偽と繰り返される失態に罵声を浴びせた。それからというもの、警備体制が急がれ、周辺警備が始まった。

一度目は、一階のすべてガラスと石でできた大ロビーで待ち合わせた。そして、これはとんでもないものだった。衝立の後ろから、情報サービス課の少なくとも四人が現われて、資料カード、書類、データ入り図表をテーブルの上に縦に並べた。もしこちらから質問しなければ、私が逆に裁判にかけられているか、もしくは口頭試問を受けているような図だ。説明は、四方八方から行なわれた。一人が具体的情報を述べると、二人目が出てきてそれを修正する。三人目の女性が、作業の遅れや工事の遅延についてのきわめて慎重な分析を始めたかと思ったら、四人目が出てきて「彼女の言いたいことは必ずしもそうではなくて」と慌てて訂正して話が後戻りする。このドタバタには、これでも日本ですかと言いたくなるほどだ。だが、信頼に足るデータの追求は難しく、当てにならないのも多い。さいわい、時が経てば同じ事の繰り返しはなくなる。これ以降、原発設備管理技術者の小林照明が、執拗に何度も同じ事を訊かれても、正確さばかり気にする厳格主義者を相手にしても、確固とした冷静さを決して失わずに質疑応答するようになった。彼と面会していて、時計をちらちら見るものだから、制限時間が来たことがわかった。この時、そのてきぱきした態度から内心いらいらしているのではないかと思った。私はこういう場合、知らんぷりをすることにしている。

小林照明はいつも決まって、色分けし蛍光ペンでマークした分厚い資料や、星印に丸に三角のついた福島県の地図とか、一見しただけでは何だかわからないダイヤグラムなどを小脇に抱えてやって来る。これらはみんな、ビデオゲームとか点描画とか、ピエト・モンドリアン風の彩色抽象画とジャクソン・ポロック風の複雑なアラベスク模様とを混ぜ合わせたような絵などを一気にぶちまけたような感じだ。フクシマは、もう何でもあり状態になっている。小林は、このデータでいっぱいの森に籠ってしまった。彼も吉田真由美も時に孤軍奮闘しているようで、アシスタントとしてよくやっている吉田真由美自身、この複雑な状況の中で難儀している。東電は大量の情報と数字と、何が一番重要なのかがわからなくなるようなディテール攻めにして、相手を煙に巻くのが得意なようだ。意図的なのか？　いずれにしても、この傾向は、原子力関連の専門家からさえも批判を浴びている。「隠蔽行為を訴えられるのを避けるため、東電は山のようなデータを提出し、これが多くの不可解、ミス、誤解を引き出す」と原子力規制委員会委員長の田中俊一は不満を表明し、福島第一のオペレーターの酷い広報内容をずばり批判する。「東電は、会社が知っていることだけではなく、知らないことも言うべきだ」。二ヵ月後、経済産業省の原子力発電所事故収束対応室長で、きわめて多忙な人物である新川達也は同じことを言った。「事故を引き起こした運転者として、東電には状況をコントロールする道義的、職業的義務がある。しかし、東電の経営者は適切な対策を取っておらず、またその決断がつねに遅れている。そこで、政府が前に出る必要が出てきた」。

フクシマの惨事は、聖なる安全神話の名において胸の奥にしまっていた古い心配を目覚めさせた。特に七〇年代この方、東電は欠陥、隠蔽、安全基準の重大な違反などの報告に対して消極的であったことへの批判を簡単には免れられない。二〇〇二年八月には、メンテナンス工事と修理作業のデータの大幅な改ざんが内部告発によって明らかになった。この内部告発は経済産業省にされたもので、同省はこれを東電に連絡し、東電はこの事実にフタをした。一度だけなら大丈夫だろうと電力会社がとった行為は、マスコミにすっぱ抜かれた。かくして、東電が経営する原子炉の十七基（福島第一、第二、柏崎刈羽）中、十三基に実施された二十九回の安全監査が、一九七七年以降原子炉内の亀裂と設計ミスを隠すために改ざんされていたことがわかった。原子力安全・保安院*は直ちに運転の停止と、当該電力会社の全原子炉の点検を命じ、それがなされるまで各原子炉の再稼働を許可しなかった。二〇〇七年にも同じことが繰り返された。この年、東電は内部調査で、原発内で多発した事故が関係当局に報告されていなかったと表明している。政府と自民党は再度、不快感を表明し、これを非難した。東電は再度、非難されている原発の近くに住む「地域住民の皆様にご心配をおかけしたことを心底からお詫びいたします」と平身低頭して謝った。二度ある事は三度ある。東電のだらしなさを物語る何度目かの出来事が起きる。福島第一の前に建設されている防波堤がそれだ。二〇一五年六月、原子炉オペレーターが津波からの防護に「不可欠な」対策を検討した二〇〇八年の資料を暴露したのである。この年、政府はイチエフ

---

*原子力安全・保安院（ＮＩＳＡ）：かつてあった官公庁の一つ。原子力その他のエネルギーに関する安全及び産業保安の確保を図る機関で資源エネルギー庁の特別機関だった。二〇一二年に廃止され、環境省外局の原子力規制委員会へ移管された。

の建屋は過去に東北地方沿岸に被害を与えた津波の威力から判断して、高さ十五・七メートルの波におそらく耐えられないだろうというシナリオを描いていた。資料では、起こり得るかもしれない地震と、それに続いて起こる津波という結末を「完全に否定することは難しい」と認めている。東電は、最大の津波を予測して防波堤の高さを上げる以外に「他の選択肢は無かった」。そして？　何も起こらなかった。東電は議論の内容とメモを口外しないよう要請した。何の手も打たれなかった。二〇一一年三月十一日、福島第一を襲った波は十五メートルに達した。逃げ口上と知らぬ存ぜぬが、なぜ予防原則が日本では空手形にすぎないのかを説明している。

一九五一年に設立され、五十年後には世界最大の電力会社の一つになった東京電力は、日本の原子力産業のただ一人の鬼っ子なのか？　ブルームバーグ*は二〇〇七年に、七つの電力会社がほぼ三十年にわたってデータ操作を行なってきたことを暴露した。このような姿勢と執拗な悪癖はもう過去のことなのか？　二〇一五年十一月現在、日本では運転を再開した原子炉は二基だけなので、そこは何とも言い難い。いずれにしても、東電においては簡単には治らない習癖のようだ。福島第一での大量の汚染水漏れや周辺環境への廃棄物の投棄が暴露されるまでには、なぜか数ヵ月もかかっている。頭隠して尻隠さずの文化なのか、スキャンダルを恐れてのことなのか。不信感と疑念を助長させるこの公共サービスのあり方と企業体質はあまり知られていない。ジャーナリズム、環境団体、反原発団体などは、よくこの事に触れる。私はこの事を、幸福の同義語、繁栄とエネルギーの自立を祝福するかのように原子力平和利用を商売にして一生を過ごしてきた原子力ムラの大立者の一人の発言の中に再発見するとは思わなかった。班目春樹は、二〇一〇年から二〇一二年の間、内閣府原子力安全委員会委員長であった。二〇一二年二月、この原子力を専門とする学者は、福島原発事故調査委員会で国会議員を前に、日本の原発にはびこる事なかれ主義と誠実さに欠けた姿勢をさらけ出した。「問題の根は他所の国が安全基準を向上させていた時に、日本も同じ事を行なわなくてもよい、という言い訳と説明をしてその時期を逸したという事実にあります」。班目春樹の発言、そして原発事故の貴重な調査報告について彼があれこれ述べていることは、地震の危険を極度に警戒し、原子力産業においてはなおのこと、用心に用心を重ねなければいけない、そのような国が有している能力と優れた技術力を盲目的に信仰するものだ。天災の後に発生した、原発に電力が供給されなかったという展開は、日本の電気回線が外国よりもはるかに信頼できるものであったので、とても考えられなかった、と班目春樹はおおむね認める。しかしながら、福島第一は二〇一一年三月十一日に事実停電し、原子炉は制御不可能になったのである。

原子力安全委員会委員長は、自己批判もせず驚くべきやり方で、国会議員の面前で開き直った。

＊ブルームバーグ：アメリカの経済・金融情報、放送事業の大手サービス会社。本社ニューヨーク。ソロモン・ブラザーズの元幹部で、元ニューヨーク市長のマイケル・ブルームバーグが一九八一年に設立。債券取引情報の配信サービスからメディア事業に進出。社員約一万五千人。

彼からは、居心地の良い委員会内に長く居座ってきたことが伝わって来る。原子力安全委員会は、典型的な御用機関の一つで、その総体においてニッポン原子力ムラの原動力である。私は日本にやってきた時、この原子力ムラという言葉に初めて出会った。不思議なことに、フランスには紹介されていない。日本ではこの名は、一九五五年十二月に「原子力エネルギー基本法案」が可決されて以来、政界、産業界、行政のトップ間の歴史的対立関係をいろいろ見てきた反原発活動家、エネルギー分野の専門家、政治学者などが使ってきた。この時期から、原子力ムラは原子力の安全と平和利用の神話を、地域社会から国の頂点に至るまで築き上げる作業を営々と行なってきた。原子力ムラは原発を受け入れる可能性のある自治体に狙いを定めると、受け入れる自治体には援助で潤し、決め兼ねているところには甘い言葉をかけ、敵対する者は骨抜きにした。そして、十月二十六日を原子力の日*に制定し、標語を作った。福島第一のある双葉町の入口に架かっていた看板を思い出す。『原子力 明るい未来のエネルギー』*。強く汚染されてしまった双葉町は、今後何十年にもわたって死の町と化した。一九六〇年代から一九八〇年代、原子力の恩恵を吹聴しまくっていた痕跡は、日本全国の広場、会館、図書館に刻み込まれている。

　私の広島の友人、ミチコは子どもの頃、学校の社会見学で原子力平和利用の展示を見に行ったことがあった。ところで、この展示会はどこで行なわれたのか？　それは、一九四五年八月六日に原爆が投下されたドームのすぐそばにある平和記念資料館前の広場だった。今ミチコは、厳粛な悲しみに包まれて原爆犠牲者の慰霊碑を囲む芝生の広場を手で指し示す。一体何が、主催者をしてこの場所で原子力平和利用の催し物を開くという発想をさせたのか。苦しみの記憶と痕跡を消すためか？　原子力のプラスイメージと和解的姿勢を売り込むためか？　考えてみれば、我が行為に確かな根拠ありと、宗旨替えしたばかりの自信満々な思い込み、お目出度さ、ある種の短絡的な信じやすさがそこにあるのは否めない。しかし、これがどんな対立を引き起こすかも考えずに展示会を開いた行為は理解に苦しむ。このようなやり方がもう通用しないのは当たり前のことではないか。作家、フィリップ・フォレスト*がまさしく書いている。今や、「ヒロシマ、フクシマ。この暗い韻律。そこには、日本が悲しくも狂気の舞台として選ばれてしまったことと、人

＊原子力の日：一九六四年七月三十一日に閣議決定によって毎年十月二十六日と制定された。一九五六年十月二十六日、日本が国際連合の専門機関の一つである国際原子力機関へ参加したことと、一九六三年十月二十六日、茨城県東海村の動力試験炉が日本で初めての原子力発電に成功したことによる。毎年この日には、原子力に関係する機関や企業等で記念行事が行なわれている。

＊『原子力 明るい未来のエネルギー』：この標語を小学生の時に考案して町から表彰を受けた大沼勇治氏は、原発事故の記憶を風化させないために看板は残すべきだと主張。二〇一五年三月には、看板の撤去反対と永久保存を求める六千五百二人分の署名を集め、双葉町長に提出した。大沼氏の願いは叶えられなかったが、双葉町は今後整備を予定する復興祈念公園などでの展示を視野に復元可能な形で「倉庫に保存」する予定。

＊フィリップ・フォレスト：フランスの作家。文学博士。一九六二年パリ生まれ。パリ大学で政治学をおさめた後イギリスの大学で教鞭をとり、一九九五年からナント大学で文学を教えるかたわら作家となる。長女を四歳の時に癌で亡くし『永遠の子ども』など子どもがテーマの作品を書いた。一九九九年に長期で日本に住み、『さりながら』で夏目漱石や堀辰雄について書いている。大江健三郎や写真家の荒木経惟との共著『つひのはてに』もある。

類がみずからを壊滅させる力を持ってしまったこととの論理的つながりがある」。

二〇一五年八月六日、原爆投下七十周年に当たる平和記念日の数日前に私が会ったヒバクシャは、この「論理的連関性」、この想像を超えた過去の遺産、不条理で深い痛みを持った歴史の凝集について考えさせてくれた。私から申し出るまでもなく、この人たちは自分から動いた。何人かが東北に行って避難者と会い、語り合い、彼らの話を聞いた。

当然、原子力ムラの中枢では、この「論理的継続性」は馬鹿馬鹿しくて、常識はずれで、何の脈絡もないものと決めつけられている。原子力擁護側の弁護士は、両者には越え難い差異があると言う。一方は戦争行為であり、もう一方は産業的事故である。原子力への回帰は、推奨されるものですでに計画されているものだ。「多大な経済的恩恵を引き出す原子力ロビーは、政界、マスコミ、学界の人脈に強力な影響力を行使している」。こう言うのは何者か？　反原発の先頭に立つ男、菅直人、元内閣総理大臣である。ジャン‐ポール・ジョード*のドキュメンタリーフィルム『Libres !』のインタビューのために彼は福島を再訪した。二〇一一年当時に首相であった菅は、三つの惨事を処理しなければならなかった三月半ばの危機の中で、最悪の事態を想定していた。原発が制御不能に陥るのを恐れていた菅は、三千五百万人の東京圏の住民全員を避難させることも考えていた。民主党（中道左派）に属する菅は、反原発の先頭に立った。意見を変えたのである。あのうるさい小泉純一郎も――二〇〇一年から二〇〇六年まで自民党総裁として首相を務めた――以前は政界の重鎮で、日本原子力ムラの一翼を担っていた人物が、原発の永久的閉鎖を目指す運動の先頭に立った。その主張は支持を得たものの、黙殺された。

原子力ムラは彼らを棄てた。自民党の安倍晋三は、原発と原子力総合産業を再開する腹積もりでいる。その実現のために、フクシマ以後の改革計画を用意している。しかし、選択肢は多くはない。監督官庁である経済産業省との（天下り）癒着を咎められて、どちらも原子力ムラの配下にあって安全神話への盲目的信仰にも似た、適当で何も言わない怪しげな原子力安全・保安院と、悪名高き原子力安全委員会はともに廃止された。二〇一二年に、原子力規制委員会が後を引き継いだ。独立性を有し、規制される側の利益を図るために規制する側が規制するという数十年来の

*ジャン - ポール・ジョード：フランスの映画監督兼プロデューサー、一九四六年生まれ。主にテレビで活動してきたが、大腸癌になったのを契機に化学農法に反対する作品を作り始めた。二〇〇八年の『Nos enfants nous accuseront（子供たちは私たちを責めるだろう）』を皮切りに『セヴェルヌ（子供たちの声）』、『Tous cobayes?（みんなモルモットなのか）』、『Libres!（自由！）』と精力的に製作している。

*電事連への天下り状況参考資料：東京電力：白川進代表取締役副社長（二〇一〇年六月退任、引続き顧問。元通産省資源エネルギー庁公益事業部長、同省基礎産業局長）：東北電力：佐々木恭之助取締役（二〇〇九年六月退任、元通産省中小企業小規模企業部参事官）：関西電力：岩田満泰代表取締役副社長（二〇〇九年六月退任、元通産省大臣官房審議官）、迎陽一常務取締役（現職、元資源エネルギー庁電力ガス事業部長）：中国電力：末廣恵雄代表取締役副社長（二〇〇九年六月退任、元資源エネルギー庁官房審議官）：北陸電力：荒井行雄常務取締役（現職、元通産省大臣官房審議官）：中部電力：水谷四郎代表取締役副社長（二〇〇九年六月退任、引続き同社顧問。元通産省生活産業局長）：北海道電力：山田範保常務取締役（現職、元通産省通商政策経済協力部長）：九州電力：横江信義取締役（二〇〇八年六月退任、元通産省大臣官房審議官）：四国電力：中村進取締役（現職、元原子力安全・保安院首席統括安全審査官）。

陋習を変えてしまうと思われるのを警戒して、原子力規制委員会は、委員長の田中俊一の言葉を借りれば「安全第一主義を醸成」しようとする。原子力の新しい取締官は、これまでに無かった安全基準を制定し、すぐさま「世界で最も厳格な規制基準」と吹聴した。昔の癖はなかなか治らない。原子力規制委員会の内部でさえ、この表現を疑う声があった。菅直人はこれを笑う。「そのことは何一つ証明されていません。これは世界で一番厳しいものです、ですから世界で一番厳しいのです、と同義反復しているに過ぎません」。

技術者は、再稼働の候補になっている原子炉を綿密に点検し、彼ら自身のやり方と基準を貫き通す意気込みでいるようだ。しかし何人かの専門家は、新委員会の弱さを指摘する。「委員の大多数は、廃止された原子力安全・保安院と経産省と官庁の、つまりフクシマの事故を回避できなかった古い体制の出身です。四百九十人の職員のうち、新しい職員は三十人だけです」と、エネルギー経済の専門家、ポール・J・スカリーゼ*は解説する。環境エネルギー政策研究所の飯田哲也*の事実認識もこれと変わらない。「原発の危機から何の教訓も引き出されていません。現実に事故が発生した場合、この新規制基準の有効性は期待できません。楽観主義、そして、批判や疑問をことごとく拒む姿勢が依然として日本原子力ムラでは極めて支配的で、遅かれ早かれ原子力規制委員会に圧力をかけてくるでしょう」。二〇一四年に、独立派と目された専門家が、親原発系の色のついた委員と交代させられた事は、原子力の取締官の真の独立を危惧させるものである。

それがどうした。原子力規制委員会はお題目をがなりたててやまない。二〇一三年、田中俊一は「私どもは、規制基準をぎりぎり守るのではなくて、その反対に、原子力開発関係者がより確かな安全を保証する意欲を持ってさらに前進することを期待するものであります」と言った。原子力規制委員会は、原子炉のオペレーターに対し、ゴーサインが欲しければ何度も基準書のコピーを再確認するよう求めた。安全の博打場で、委員会はその信用に賭け、原子力ムラは一か八かの勝負に出たのだ。潜在的不景気にある日本にとって、原発は頼みの綱なのかもしれない。日本の経済成長を求めて懸命に世界を駆けるセールスマン首相、安倍晋三は金になるなら何にでも手をつけ、原子力は死んでいないと認めさせようとしている。首相に返り咲いてからというもの、彼は日本製原発の売り込みに、世界中を渡り歩いた。二〇一三年、ヴィシェグラード・グループ*

*ポール・J・スカリーゼ：ドイツ、デュイスブルグ‐エッセン大学東アジア研究所研究員。主に日本のエネルギー政策が専門。東京大学、テンプル大学の校友でもある。

*飯田哲也：エネルギー、環境学者、運動家。一九五九年生まれ。京都大学で原子核工学を学んだ後、スウェーデンに留学、環境エネルギーの研究を始める。鳩山政権に参画したり、大阪維新の会と協働したり、山口県でのコミュニティ活動を組織したり、国政選挙に立候補するなどの多方面で活動を続けている。

*ヴィシェグラード・グループ：中央ヨーロッパの四カ国による地域協力機構。ヴィシェグラード諸国、またはV４と表現されることもある。一九九一年二月十五日にチェコスロバキア、ハンガリー、ポーランドの三ヵ国が、ハンガリーの都市ヴィシェグラードでの首脳会議において設立された。チェコとスロバキアに分かれて四ヵ国となった。伝統的文化的に近縁で、友好・協力関係を進めることとヨーロッパ統合の進展を目的とし、二〇〇四年五月一日にそろって欧州連合に加盟した。

（ハンガリー、ポーランド、チェコ共和国、スロバキア）を相手に、彼はフクシマの危機は豊かな教訓をもたらし、これによって原子力の分野における日本の専門力が強化されたとぶち上げ、自国のノウハウを売り込んだ。彼は逆説的な弁論を弄して、危機をチャンスに変えようと試みた。安倍は、出力五千メガワットのトルコで二番目の原発建設を受注するための、フランスのアレヴァ・グループと三菱重工との合弁事業を成立させるために尽力した。建設は、二〇一七年にスィノプ（北部トルコ）で着工する。日本とフランスはまた、二〇〇七年に設立した合弁会社のアトメア*を媒介にしてアルゼンチンとベトナムに支社を設けることになろう。

同時に、日本原子力ムラはフクシマの沈静化を画策している。大多数が再稼働に反対する世論に敵対する動きであることをよくわかっていながらである。それにしても、日本という国は不思議な民主主義国家だ。フクシマ以降、有権者には三度にわたる国会議員選挙でこの問題に関して意思表示する機会があった。そして、明らかに原発推進派である自民党が、毎回圧倒的な差で投票をかっさらった。これには驚かされる。確かに、選挙は民間原子力だけに関する住民投票ではないかもしれない。しかし、一九四五年に核の烈火を浴び、二〇一一年からは放射能の毒に襲われているこの国がなぜ、やみくもに核の道を進もうとする者たちを唯々諾々と許すのか？　二〇一五年九月、小泉純一郎は朝日新聞とのインタビューで、その反原発キャンペーンをスタートした。「エネルギー問題が選挙の争点になる日がいずれやって来る。候補者は、その原発に対する立場によって審判されるだろう」と元首相は明言した。ジャーナリストのエルヴェ・ケンプはジャン‐ポール・ジョードのドキュメンタリー『Libres !』の中で問いかけている。「原子力と民主主義は共存できるか？」。このまだ未解決の問題は、もちろん日本だけに限ったものではない。

こんにち、原発の解体と再建は技術的な問題に還元されており、そこでは往々にして人間的な側面が排除されている。よく知られているように、日本では技術がすべてに優先するからだ。不確実性が大きく、未知な事が多い中で、時にクーエ療法*まがいの希望的観測や、きわめていい加減な専門家の手になる作業項目を作成し、段取りを決めることが許される。原子炉の中心部の、生命に関わる高いレベルの放射能に対しては、ロボットを使って燃料や原子炉格納容器の状態を調べるから心配無用である。原発の広い工事現場の安全確保と設備の安定化については、就業者全員に注意を喚起しているという。日本株式会社がここに結集し、一丸となって救助活動に取り

*アトメア（ATMEA）：三菱重工とアレヴァ社による合弁企業で、百十万キロワット級加圧水型第三世代原子炉「ATMEA1」の開発、新市場開拓、ライセンシーおよび販売のために設立された。初代社長にはアレヴァからステファン・フォン・シャイド、副社長には三菱重工業から神田誠が就任。

*クーエ療法：フランス人のエミール・クーエ（一八五七～一九二六）が開発した自己暗示法。「私は毎日よくなり続けている」と心の中で唱えるだけで自己を啓発する。一九二一年にクーエ研究所が設立された。著書『暗示で心と体を癒しなさい』が訳されている。

組んでいる。建設会社は、その活動領域を拡大させる中で思いのほかの恩恵に預かり、今後数十年にわたる発注を獲得している。清水建設はその一つだ。同社は、原発内の汚染水貯蔵タンクの建設と、原発周囲の半径三十キロ内の除染作業に必要な三千五百人を管理するために三百人を雇っている。「何をすべきかを綿密に知るのは簡単なことではありません」とあごひげを生やした清水建設の松崎雅彦は認める。太った丸刈りのこの人物は陽気に広野の清水建設事務所を仕切っている。彼は、橋梁建設、トンネル工事、山地の切り崩し、東京ディズニーランドのような埋立地建設などについてよく知っているが、汚染地帯の仕事については「毎日が勉強です」と認める。確かに彼も、人手不足と、この分野の専門家の不足を嘆くが、徹底した楽観主義者を自認し、未来を信じて疑わない。広野のほこりっぽいビルの一角にある彼の事務所は暖房が目一杯効いている。彼は、作業計画を細かく立て、大量の廃棄物の量を見積もり、作業員に注意を促し、こうした管理職たちが正直で真っ直ぐなことは信頼するに難くない。一時間ほど話した後、彼に事務所の近くの居酒屋に誘われた。蕎麦、刺身、ビール。松崎雅彦はパリでムーランルージュのショーを観た話や七〇年代のシャンソンのファンであることを吹聴しては、好漢ぶりを見せる。よく喋る勢いで、彼はセカンドバッグから一冊のパンフレットと写真を出した。ドナルドダックの珍発明にも似た、放射性物質の吸引掃除機なる清水建設が偶然思いついた発明品を自慢げに見せる。木の葉、枝、下草などの上に掃除機をかけると「放射能を除去します」。プラグマチストを自認する松崎は、「このシステムは完璧ではないにしても、放射能の軽減にはなります。もちろん、何度も繰り返す必要があります」。雨の時は特に、水の流れや漏水によって放射性物質が移動する。「今は、この作業をやっているのは外部の会社です。これが後には地域企業がやり、最後は住民がやるようになります」。シジフォスの神話だ。

数ヵ月後に松崎に再会した。この好人物は、また大歓迎してくれた。彼は、次の配属先が決まったばかりだった。東京。二〇二〇年のオリンピックの会場建設だと言う。彼は、福島第一原発と広野の狭苦しい事務所を離れ、凍てつく冬と息をするのも苦しい夏の東北に別れを告げる。フクシマ、それは昨日のこと。明日は東京だ。新しいページがめくられる。

エピローグ

そして、機械がまた動き出した。約二年間、原子力発電による電力の生産を行なっていなかった日本は、南日本の川内原発で原子炉を再び稼働させた。二〇一五年八月十一日、九州電力が原発を再稼働した。一九八四年に運転を開始した川内原発は、原子力規制委員会の耐震補強や安全設備の全検査をパスした。しかしながら、八月二十一日に、冷却システムにおけるポンプに問題が発生*して停止した。川内原発1号機が営業運転に入ったのは九月十日になってからで、川内2

*ポンプの問題：九州電力のプレスリリース：「平成二十七年八月二十一日　九州電力株式会社：川内原子力発電所1号機の出力上昇の延期について（復水ポンプ出口の電気伝導率の上昇）」「川内原子力発電所1号機は、本年八月十四日に発電を再開し、電気出力七十五％で調整運転を行っていたところ、八月二十日十四時十九分に、パラメータの揺らぎであるレベル1に該当する、放射性物質を含まない二次系の復水ポンプ出口の『電気伝導率高低警報』が発信しました。関連機器や水質の調査を実施した結果、復水器内に微量の海水が混入しているものと推定されましたが、復水脱塩装置で除去できており、運転継続に支障はありません。なお、今後の運転に万全を期すため、本日予定していた出力上昇を延期し、電気出力を七十五％に保持した状態で、入念な点検を実施することとしました。本事象による環境への放射能の影響はありません。当社は、引き続き、安全確保を最優先に、一つひとつの工程を慎重に実施してまいります。以上」

号機が十月中に運転可能になるのを待ちながらであった。四日後、政府は百六十キロ離れた火山、阿蘇山の噴火が始まっても心配していなかった。安倍晋三首相は、原発再稼動の長い闘いに象徴的な勝利を収めたのであった。

*

正常化が始まった。二〇一五年九月五日、楢葉はいい天気だった。町は、政府の意向により昨夜の十二時から避難指示が解除されていた。福島第一から南十九キロのところにある楢葉町とその住民七千三百人は、東京電力が原発をコントロールできなくなった二〇一一年三月十二日に避難させられた。他に国が全面避難勧告を出した自治体は六つあった。壊滅した原子炉周辺にあった楢葉は、四年の間禁断の町であった。住民は、帰町しても一日だけ、それも数時間だけであった。それは、空っぽの、命が消えた町で、二〇一四年二月に龍介と私はこの町を歩き回った。何人かの作業員がそこいら中を除染していた。町役場のある矣だらけの四つ角を、凍てつくような風が突き抜けていた。座礁した船に雪がしんしんと降っていた。東電社員二人と町役場の人が二人、帰町希望者を待ち受けていた。この午後、一人だけ役場にやって来て、ストーブが赤く燃えているホールのドアを押して入ってきた。その人は、受付に封筒を渡すと、すぐさま踵を返して出て行った。「全然誰も来ませんね」と楢葉町役場建設課の松本重人は洩らす。みんな戻って来たくないのだ。誰も望んでいない。みんな出て行ってからもう三年になる。環境大臣が、放射線量が〇・三マイクロシーベルトに下がったと言っても、誰も信じない。「住民に町を再興しようと説得するのは簡単ではありませんが、放棄するなんてできないでしょう?」 この四十がみの公務員は、あまり乗り気ではないが何とか元気を振り絞っている。松本重人とて楢葉帰町に全面的に賛同しているわけではないのだ。実現しそうにない帰町の前提、「もし」を彼は一つ一つ挙げる。誰もいないホールに声が響く。「もし、以前の生活を取り戻せたら、もし住民や友だち、同級生、幼馴染が戻って来たら、もし何の心配もなく畑が耕せたら、やり直せるんですがね」。もし、もしの連続。松本重人本人も実は信じていないのだ。父親でもある彼は、「戻りたくない家族や若者の気持ちは理解できる」と言う。その前に彼自身が、もし役場のゴーサインが出たとしても、生まれた村に妻と十三歳と九歳の子供を連れて戻ろうとは思わない、と悔しそうな口調で認める。二〇一五年夏、楢葉町長の松本幸英はこうした意見が町に寄せられているのを隠さなかった。「当然ですが、安全が全面的に回復したとは言えないですし、解決すべき問題が山積しているのははっきりしています」。

しかし町長は、町を救ったことで自分を褒めてやってもいいかもしれない。それは、楢葉が色々苦労させられてきたからだ。国は二〇一三年に、隣接する大熊町と双葉町とともに、二千八百万立方メートルに相当する放射性廃棄物を長期的に受け入れてもらいたいという決定をした。言い換えれば、人口が減少しているこれらの地方町村の死を東京が宣告した、ということである。

松本幸英は断固として受け入れなかった。楢葉は他所より汚染が少なく、同じ目に遭うわけにはいかない。政府はとうとう折れて、この大きな町を核の犠牲の最終候補から除外した。当局は放射線被ばく量の基準値を、年間二十ミリシーベルトにまで繰り上げた。言い換えれば、原発作業員に適用されていた許容放射線量が以後、住民にも適用されるようになったということだ。そしてこの事は、まったく議論にならない。いずれにせよ、これは国際放射線防護委員会が勧告する、日本の福島地域を長期にわたって対象にした場合の年間照射量一ミリシーベルトよりもはるかに高い。楢葉に戻ってきたのは、七百八十人だけであった。人口の一割強の数である。

*

この間、東電は被害者に対する補償を継続していた。二〇一五年七月末、国が株主の多数を占める電力会社は、日本政府から新たな資金を受けた。九兆五千億円（七十億五千万ユーロ）。これは、二〇一五年九月には、総額六十八兆八千六百億円（五百十一億ユーロ）まで増えていた東電の補償金支払い支出の経済産業省による九度目の肩代わりであった。東電は、以後この総額を返済することになっている。しかし、東電は同時に、福島第一の凍土壁設置、汚染水の貯蔵と除染、廃棄物の保管、福島第一の解体作業などに数百億ユーロ（数兆円）を支払わなければならない。東電は、原子炉1号機、2号機、3号機の燃料プールに収められている燃料棒千五百七十三本を取り出すという困難な作業に取り組まねばならない。そして、原子炉の底に沈殿している溶融した燃料の取り出しというさらに危険な作業が待っている。この難業をどのようにして行なうのか、常に冷却を必要とし、極めて強力な放射性を帯びた炉心溶融物が堆積しているこれらの炉心の状態がいかなるものなのか、東電は何も把握していない。東電は、この過去に例を見ない任務について三年以内に報告すると言明し、これは二〇二一年以前に実施されることはない。

二〇一五年の第一期に稼いだ純利益十五億ユーロ（一千九百五十億円）を使えば少しは復興を早めることができるが、そうはしない。東電は、世界有数の出力を有する柏崎刈羽原発の七基のうちの一基の早期の再稼働の発表を優先させたい。しかし、向こう数ヵ月内には解決しない公的な信用失墜に対処しなければならなくなった。東電の経営陣三人が、原発事故の責任を問われ刑事告発されたのである。

*

二〇一五年九月中旬、豪雨があった。雨が滝のごとく降り、東北の各地が洪水に見舞われ、農地や町をめちゃくちゃにした。栃木県の日光や福島県の飯舘では、汚染された土や植物性のゴミでいっぱいになった大きな黒い袋七百個が濁流に流された。黒い汚染物袋の一部は見つかったが、中身が流されてしまっているのもあった。地元当局は、これらの汚染廃棄物の放射線量は高いものではなく、環境への影響は心配する必要はないとした。この豪雨は、福島原発からの放射性物質の流出を引き起こし、排水ポンプの排水量がおぼつかず、数百トンの汚染水が太平洋に流れ出してしまった。

＊

数日後、龍介がＳ・ショウタに連絡した。私が、二〇一三年九月の午後、コンビニの駐車場で彼が言った放射線量を確認したかったからだ。彼は、間違いないと言い、電話をくれてありがとうと言った。そして、次の週、彼の方から連絡をよこして、私が『リベラシオン』に書いている記事から正体がバレないか心配だ、と言ってきた。龍介は、大丈夫だと言って安心させた。Ｓ・ショウタは急いでいるようだったが、また会ってもいいし、これも長く福島第一で働いてきた父親とも会わせてもいいと言ってくれた。私は彼との、この広野出身の若い原発労働者との関係を保ち、その日常生活や家族の生活や、片隅に追いやられたこの地方のことについて聞きたかった。彼が、原発専門の労働者や反原発活動家の経験とは全然違う話を聞かせたがっているのが私にはわかっていた。私は、いわき、楢葉、富岡に何度も行って、彼と会えるのを期待した。龍介は私たちが行く数日前によくＳＭＳを送りもした。ショウタはよく返事をよこした。ある朝、彼は電話をよこして、福島の南の茨城で工事現場の仕事を見つけたと言ってきた。彼の妻と長男はずっと横浜の親戚の家にいるそうだ。彼はなんとか食いつないでいた。この時は会えそうになかった。それから、ショウタが消えた。メッセージを送っても答えないし、電話にも出なかった。二〇一四年七月、ついに彼から連絡があった。私たちはこの時、浪江にいた。ある原発労働者と一緒だった。電話の向こうで、彼は連絡も返事もしないでいたことを詫びた。彼は心配そうで、ピリピリしていた。彼の話では、周囲で不審な事が起きていた。相手が何者かよくわからないまま、喋りすぎた労働者が翌日解雇された。ショウタは何であれ、自分の身に同じような難儀が降りかかるのが怖くて、「本当に、生活していく金がいるんだ」と言う。この日、私は彼を安心させることなんてできただろうか。それからというもの、彼からのメッセージも電話も一切なかった。恐怖が彼を連れ去ってしまった。ショウタは蒸発した。ここで、道は途絶えた。

謝辞

ラファエルとオリーブに。留守と無言に我慢してくれてありがとう。

タヒチの砂浜に行かずに東北の海岸に何度も来てくれた、すばらしき旅の道連れ、そして忍耐強い通訳の村田龍介にありがとう。

時に匿名という形で、本書にその来歴を紹介させてもらい、貴重な時間を割いて快く話を聞かせてくれた方々すべてにありがとう。

安斎育郎、ダヴィッド・ボワレー、カトリーヌ・カナイェー、ニコラ・フォレー、ポール・ジヨバン、桐島瞬、松久保肇、中村光男、中野隆幸、緒車奈穂子、コリーヌ・カンタン、副島綾、秋葉澄伯、高野善雄、渡辺博之、山口素明、吉田真由美、この皆様方のご協力とご丁寧なアドバイスにありがとう。

いつも手紙で支えになってくれたフランチェスカ・ベルナルディ、そして誰よりも熱心に応援し、信頼してくれたクリストフ・バタイユ、ありがとう。

十六年間働いた『リベラシオン』に。まだまだ多くのことが可能なこの新聞と、国際取材にこだわり、アジアに目を向け、私を日本に没頭させてくれたその編集部のこれまでにありがとう。

フランソワ・ボン、ミハエル・フェリエ、エリザベット・フィリョル、ダニエル・ド・ルーレ、この数年、旅の道連れだった愛読書の作家たちへ、ありがとう。

トレーズへ。信じないだろうけれど、この本の中でその存在と愛情は他の誰よりもありがたかった。

訳者あとがき

本書はArnaud Vaulerin著『La Désolation—Les humains jetables de Fukushima』(Éditions Grasset)の日本語訳である。著者のアルノー・ヴォレランはフランスの日刊紙『リベラシオン』の極東特派員で、二〇一二年から日本に在住し、日本とアジア全域を舞台に取材するジャーナリストである。著書には戦後のバルカン半島を取材した『Bosnie, la mémoire à vif』(『ボスニア、生々しい記憶』Isabelle Wesselinghとの共著)がある。原題のフランス語、「les humains jetables」とは「使い捨て人間たち」という意味で、福島第一の原発作業員のおかれた立場を言いあらわしている。

読者諸氏も同感だと思うが、事故から五年以上経過した現在、フクシマに関する報道がすっかり減った。その一方、原発再稼働や高速増殖炉の新設、そして原発輸出の活発な動きが平然と報道されている。原発事故の責任者たちは、フクシマを風化させていきながら、免罪を謀り、復権をもくろんでいる。戦後まんまと生きのび、再び権力の座に返り咲いた戦犯の末裔の一人、安倍晋三は福島第一原発の事故を、原発輸出のセールストークに逆利用して、こんな事を言っている。「日本は福島から学んで、原発の技術が向上した」。

政府自民党と電事連、大手ゼネコン、商社などが一丸となって原発を推進し続けてきた勢力は強固な基盤を誇っている。本書で著者が、最後に一章を割いて触れている日本原子力ムラがそれだ。福島第一の解体工事は大手ゼネコンが独占している。彼らは原発の建設で儲け、解体工事でも儲ける利益共同体である。アルノー・ヴォレランは、フクシマに放射能以外の要素が潜んでいることを本能的に感じとり、表面的な原発取材ではなく、作業員、電力会社の幹部や社員、元社員、官僚、公務員、議員、組合活動家、原子力団体関係者、専門家、医師などへの取材を通して、福島第一原発の諸問題を検証した。その一方で、汚染された福島の土の上で苦闘する人々との出会いも深めていった。

著者の取材は、他県に妻子をおいて単身原発で働く地元出身の青年の重い口をこじ開けることから始まった。そこから、危険と矛盾に満ちた原発作業員の実態が垣間見えた。そして、閉鎖された砦のような原発の解体工事現場で、放射線に恐れおののきながら作業員たちが続ける想像を超えた過酷な労働を目の当たりにした。電力会社の説明や就業規則とは裏腹の労働条件や、被ばく対策の衝撃的な実態があった。大半の労働者たちがピンハネされた不当な賃金と、労働基準法違反の恫喝に耐えている。金のため、過剰被ばくを隠して働く労働者の群れ。何の技術も経験もない素人や高齢者を送り込む下請け、孫請け、幽霊会社の連鎖。手抜き工事と先の見えない汚染水処理対策。私たちの目から隠されているが、福島第一がとんでもない代物だということを痛感する。崩壊した原子炉の前に責任者が立ち尽くし、白いオーバーオールを着た作業員に日々冷却作業を続けさせている。それがこれからも三十年、四十年と次世代まで続くのだ。これが福島第一の本当の姿なのだ。アルノー・ヴォレランは、来日まだ四年のフランス人でありながら、日本人もよく知らないフクシマの実情と日本の原発行政の不条理さを暴き出している。原発の外に広がる放射能に汚染した福島の大地にはやりきれない現実がある。

訳者の私も、これまで二度福島を訪れた。

一度目は震災翌年の二〇一二年秋、気仙沼、雄勝、女川などの津波被災地を一人訪ね歩きビデオカメラを回した。しかし福島県に入ると、どの道も封鎖されていて原発に近づくことさえできなかった。二度目は二〇一四年の九月下旬、原発から半径五十キロ内の二本松町に住む友人家族とともに、仮移転していた役場で許可証をもらい、立ち入り禁止地域の浪江町に入った。検問所にさしかかったときは一瞬ドキッとしたが、マスク姿の監視員の対応は丁寧だった。恐る恐る踏み入った浪江町は、無人の野原が広がり、廃屋となった民家や牛小屋が点在していた。民家の戸は外れ、中は荒れ放題だった。大地主の家らしい屋敷があったが、縁側にも盆栽棚にも納屋の軽トラックにも、もう血が通っていなかった。清涼な川が流れ、欄干にはニジマスのレリーフが描いてあった。小学校の玄関はしっかり施錠してあり、校庭には雑草が高く生い茂っていた。携行していた線量計の数字はしきりに上下を繰り返していた。牛たちはどこに行ったのだろう。

除染作業にも遭遇した。作業員たちは黙々と土を剥ぎ取っていた。汚染土集積場には、黒いフレコンバッグがぎっしりと積んであり、プレハブの事務所が建っていて、ブルドーザーや送迎バスが停めてあり、野良猫が身を潜め、行き交う作業員はこちらを見もしない。新興住宅が並ぶゴーストタウンでは巡回パトカーにしつこく職務質問された。それから、三百頭を超える被ばくした牛たちを保護している「希望の牧場」を訪ね、代表の吉沢正巳氏の話を聞いた。彼は、遠く福島第一の煙突が霞む高台の上で、牛たちの命を守る理由を、腹の底から響くような太い声で語ってくれた。牛たちをずっと生かし続け、研究の場を大学や研究機関に提供し、牛たちの生きる意味を国に認めてもらい、復興に役立てたいのだ、と言った。彼は今も全国を回って、脱原発を訴え続けている。希望の牧場の広い草原で、牛たちは秋の日差しを浴びて何も知らずに反芻していた。

訳者は昔映像の仕事をしていて、ＰＲ映画の監督になりたての頃に、『現代社会とエネルギー』という高校の社会科の教材用ビデオを制作したことがある。それはちょうど省エネが叫ばれていた一九七〇年代の終わり頃で、ビデオの主旨はエネルギー資源を輸入に依存する日本は今後、原子力をエネルギー政策の根幹にすえなければならない、というものであった。フランスのクレーマルヴィルに建設中だった高速増殖炉スーパーフェニックスのロケも敢行した。完成した作品は通産大臣賞銀賞を受賞した。スポンサーは九州電力であった。おかげで原発関係のＰＲの依頼が来るようになった。しかし私は撮影中に疑問を抱きはじめ、原発推進に加担することに抵抗をおぼえ、それからは電事連の仕事はすべて断った。

その後、高速増殖炉は各国がこぞって試みたがナトリウム漏れなどの事故続きで、ほとんどが軽水炉に取って代わられた。

最後の砦、もんじゅもおそらく廃炉になるだろう。しかし、安心するのはまだ早い。経済産業省は、もんじゅに代わりフランスの高速増殖炉アストリッド・プロジェクトの技術開発を両国間で進め、二〇三〇年までの実用化を目指そうとしている。また、日本原子力ムラはフランスの原発産業の大手、アレバ社と手を組んで、トルコやヨルダンなどへの原発輸出に踏み出した。フクシマ解体の大仕事の陰で、再稼働、高速増殖炉、原発輸出の三本柱を実現することが彼らの狙いであることを本書は指摘している。


アルノー・ヴォレランは、福島の無人の荒地や過疎の町を旅するうちに、あるいはJビレッジや経産省や東電本社の厳重な警備を通過しているうちに、ジャーナリズムの境界線を超えて突き進んだ。本書は、フクシマに生き、そしてフクシマから去らねばならなかった多くの人たちの悲哀を知った一人のフランス人ジャーナリストが寄せるフクシマ賛歌である。本書は反原発の主体的な出発点としての資格を十分に備えている。本書を翻訳して、誇りに思う。そして、著者のアルノー・ヴォレランに心から感謝したい。

本書の翻訳出版を進められた緑風出版の高須次郎、高須ますみ、斎藤あかねさんに、手間取った翻訳作業をお詫びするとともに、そのご尽力にも深く感謝するものである。本書が、フクシマ関連の名著の一冊となることを願いつつ。

二〇一六年十月　バルセロナにて

神尾賢二

[著者略歴]

アルノー・ヴォレラン（Arnaud Vaulerin）

アルノー・ヴォレランはフランスのジャーナリストで、仏日刊紙『リベラシオン』の極東特派員として2012年に来日。現在45歳。フランスとイタリアで歴史を学び、ストラスブール大学でジャーナリズムの学位を取得。バルカン半島で戦後ユーゴスラビアを取材し、フランス語圏メディアに発表。2003年、イザベル・ウェスリングとの共著で『Bosnie, la mémoire à vif (ボスニア――生々しい記憶)』をBuchet-Chastel社から出版、『エコノミスト』誌と『ニューヨーク・レビュー・オブ・ブックス』誌で賞賛され、英語とボスニア語に翻訳された。2007年から『リベラシオン』紙の極東特派員となり、スリランカ、カンボジア、マレーシア、ビルマの、特に民主化と正義のプロセスについて長く大量の記事を書いた。極東を揺るがす民族問題と安全にも興味を抱く。2011年、東日本大震災後に来日、津波と福島原発事故の犠牲者住民に触れることから活動を始めた。

[訳者略歴]

神尾賢二（かみお　けんじ）

翻訳家、映像作家、プロデューサー。1946年大阪生まれ。早大中退。翻訳書に、『ウォーター・ウォーズ』、『気候パニック』、『石油の隠された貌』、『灰の中から――サダム・フセインのイラク』、『大統領チャベス』、『金持ちが地球を破壊する』、『資本主義からの脱却』、『鉄の壁』上下巻、また著書に英語版鎌倉ガイドブック『An English Guide to Kamakura's Temples & Shrines』がある。2008年から2011年までモロッコ、ラバトのモハメド５世大学客員教授を務め、2012年からスペイン、カタルーニャのバルセロナに在住。70歳。

フクシマの荒廃《こうはい》
――フランス人特派員が見た原発棄民たち

2016年11月25日　初版第1刷発行　　定価2200円＋税

著　者　アルノー・ヴォレラン
訳　者　神尾賢二
発行者　高須次郎
発行所　緑風出版 ©
〒113-0033　東京都文京区本郷2-17-5　ツイン壱岐坂
［電話］03-3812-9420　［FAX］03-3812-7262［郵便振替］00100-9-30776
［E-mail］info@ryokufu.com［URL］http://www.ryokufu.com/
装　幀　斎藤あかね
制　作　R 企 画　　印　刷　中央精版印刷・巣鴨美術印刷
製　本　中央精版印刷　　用　紙　中央精版印刷・大宝紙業　　E1200

Printed in Japan　　ISBN978-4-8461-1620-0　C0036

◎緑風出版の本

■全国どの書店でもご購入いただけます。
■店頭にない場合は、なるべく書店を通じてご注文ください。
■表示価格には消費税が加算されます。

鉄の壁［上巻・下巻］
イスラエルとアラブ世界
アヴィ・シュライム著／神尾賢二訳

四六判上製
一一四〇頁
各3500円

公開されたイスラエル政府の機密資料や、故ヨルダン王フセイン、シモン・ペレス現大統領など多数の重要人物とのインタビューを駆使して、公平な歴史的評価を下し、歴史の真実を真摯に追求する。必読の中東紛争史の上・下巻！

気候パニック
イヴ・ルノワール著／神尾賢二訳

四六判上製
四二〇頁
3000円

最近の「異常気象」の原因とされる温室効果と地球温暖化の関係を詳細に分析。数々の問題点を科学的に検証。「極地移動性高気圧」などの要因から、異常気象を解説。フランスで出版時から賛否の議論を巻き起こした話題の書！

ウォーター・ウォーズ
水の私有化、汚染そして利益をめぐって
ヴァンダナ・シヴァ著／神尾賢二訳

四六判上製
二四八頁
2200円

水の私有化や水道の民営化に象徴される水戦争は、人々から水という共有財産を奪い、農業の破壊や貧困の拡大を招き、地域・民族紛争と戦争を誘発し、地球環境を破壊する。本書は世界の水戦争を分析し、解決の方向を提起する。

灰の中から
サダム・フセインのイラク
パトリック・コバーン他著／神尾賢二訳

四六判上製
484頁
3000円

本書は、一九九〇年のクウエート侵攻、湾岸戦争とその後の一〇年にわたるイラクの現代史を中近東とアメリカそれぞれの取材を通して得られた情報を報告している。日本で報道されない非常に質の高いインサイド・レポートである。